Universität Würzburg · Mineralogisches Museum

Historische Erzlagerstätten und Mineralienfundorte des Harzes
Die Sammlung Peter C. Ruppert

Historische Erzlagerstätten und Mineralienfundorte des Harzes

Die Sammlung Peter C. Ruppert im Mineralogischen Museum der Universität Würzburg

Herausgegeben von Dorothée Kleinschrot und Kristina Hanig
für das Mineralogische Museum der Universität Würzburg

Würzburg
University Press

Herausgeber:
Dorothée Kleinschrot
Mineralogisches Museum
Julius-Maximilians-Universität Würzburg
Am Hubland
D-97074 Würzburg
www.mineralogisches-museum.uni-wuerzburg.de

Kristina Hanig
Julius-Maximilians-Universität Würzburg
Am Hubland
D-97074 Würzburg
www.hanig-fotografie.de

Text und Layout:
Dorothée Kleinschrot

Graphiken:
Dorothée Kleinschrot (DK), Volker Lüders (VL),
Klaus Stedingk (KS)

Fotos:
Kristina Hanig (KH), Dorothée Kleinschrot (DK),
Christoph Saile (CS), Stefan Frimmel (SF)

Coverdesign:
Daniel Farò

Coverfoto:
Hydroboracit, radialstrahlig flächig ausgebildete Kristalle auf Anhydrit, Anhydrit-Steinbruch am Kohnstein, Niedersachswerfen (KH)

Impressum

Julius-Maximilians-Universität Würzburg
Würzburg University Press
Universitätsbibliothek Würzburg
Am Hubland
D-97074 Würzburg
www.wup.uni-wuerzburg.de

Print on Demand

ISBN: 978-3-95826-100-6 (print)
ISBN: 978-3-95826-101-3 (online)
URN: urn:nbn:de:bvb:20-opus-170700

Grußwort

Die Mineralogische Sammlung der Julius-Maximilians-Universität (JMU) bildet in ihrer Art ein Alleinstellungsmerkmal in Nordbayern und kann mittlerweile auf eine 200-jährige Tradition zurückblicken. Durch großzügige Dauerleihgaben, Schenkungen und Ankäufe erlangte das Museum im Laufe der Zeit immer mehr an Bedeutung und gehört nun zu den wichtigsten Sammlungen unserer Alma Julia, die auch für die Öffentlichkeit zugänglich sind.

Die Sammlung von Herrn Peter C. Ruppert, der in Würzburg bereits durch seine im Museum im Kulturspeicher ausgestellten Bestände Konkreter Kunst wohlbekannt ist, widmet sich seit über 40 Jahren den Mineralien aus einem der ältesten Bergbaugebiete Deutschlands: dem Harz. Die faszinierenden, geometrisch-basierten Mineralien dieses heimischen Mittelgebirges bilden eine äußerst wertvolle Ergänzung unserer Sammelbestände.

Seit 2014 zeigt das Mineralogische Museum der JMU die Ausstellung, die 191 Erzmineralstufen aus allen historisch und wirtschaftlich wichtigen Erzlagerstätten des Harzes umfasst. Seit der Eröffnung sind viele weitere einzigartige Stücke hinzugekommen, wir freuen uns über die stetige Erweiterung der Sammlung durch Herrn Rupperts unermüdliche Initiative. In acht Vitrinen und auf zehn Podesten werden den Besucherinnen und Besuchern des Museums die beeindruckenden lokaltypischen Zeugnisse der Erdgeschichte präsentiert. Umso mehr freuen wir uns, dass nun auch der Katalog zur Dauerausstellung erscheint, der die wichtigsten und schönsten Exponate in zahlreichen Bildern und Erläuterungen festhält.

Wir bedanken uns ganz herzlich bei Herrn Peter C. Ruppert für seine Bereitschaft, seine außergewöhnliche Sammlung dem Mineralogischen Museum zur Verfügung zu stellen, um sie der Öffentlichkeit zu zeigen. Ein weiterer besonderer Dank gebührt dem Museum selbst und seinen MitarbeiterInnen und Mitarbeitern, die die Ausstellung sowie diesen Katalog konzipiert und erarbeitet haben.

Ich wünsche der Ausstellung auch weiterhin viele interessierte Besucherinnen und Besucher sowie breite Resonanz in der Öffentlichkeit.

Prof. Dr. Alfred Forchel

Präsident der Julius-Maximilians-Universität Würzburg

Zerbrochen und wieder verschweißt, eine Brekzie aus dem messingfarbenen Kupfereisensulfid Chalkopyrit und weißem Quarz, durchzogen von einer Störung, sekundär gefüllt mit dem grau glänzenden Bleisulfid Galenit. Wiemannsbucht, 14. Sohle, Bad Grund; Vitrine 54, Ausschnitt, Exponatgröße 31 x 37 cm; Foto: KH

Vorwort

Über lange Zeit galt der Begriff „Bergbau" in Deutschland als politisches Unwort und der Abbau von Erzen wurde in der Öffentlichkeit aus historisch verklärtem Blickwinkel als umweltzerstörerisch betrachtet, und folglich dem Import mineralischer Rohstoffe aus fernen Ländern der Vorzug gegeben. Mit der schmerzlichen Erkenntnis, dass der Industriestandort Deutschland durch eine zu starke Importabhängigkeit, oft von nur sehr wenigen Lieferanten, erpressbar werden kann, setzte in diesem Jahrzehnt ein Umdenken ein: Die Versorgung mit mineralischen Rohstoffen wurde wieder zum Thema. Damit rückten auch die historischen Bergbauregionen des Landes wiederum in den Fokus. Unter diesen nimmt der Harz eine herausragende Stellung ein. Er bildete nicht nur eine wichtige Quellregion für Bunt- und Edelmetalle über mehr als eintausend Jahre hinweg, er beherbergt auch Lagerstätten von Weltruf. So gilt beispielsweise das UNESCO-Weltkulturerbe Rammelsberg als Typlokalität eines global auftretenden Lagerstättentyps, der sogenannten sedimentär-exhalativen Zink-Blei-Silber-Lagerstätten. Auch wenn dort schon seit 30 Jahren kein Erz mehr gefördert wird, so dienen die lokalen geologischen Verhältnisse bis heute als Lehrbuchbeispiel für Studentinnen und Studenten der Lagerstättengeologie, egal auf welchem Kontinent.

Der 2010 finalisierte Entschluss von Herrn Ruppert, seine Sammlung von einzigartigen Mineralstufen aus dem Harz dem Mineralogischen Museum an unserem Lehrstuhl zur Verfügung zu stellen, bedeutete nicht nur eine erhebliche Aufwertung unseres Museums, sondern auch einen großen Vertrauensbeweis in unseren Lehrstuhl, dessen Lehr- und Forschungsschwerpunkte sich schon seit Jahren unter anderem auf mineralische Lagerstätten konzentrieren. Dies drückt sich unter anderem darin aus, dass der hiesige Lehrstuhl eine der drei Säulen des Bayerischen Kompetenzzentrums für geogene Rohstoffe bildet. Besagter Vertrauensbeweis gilt aber auch für die Universität Würzburg im Allgemeinen, steht sie doch in der Verantwortung, diesen einmaligen Schatz für noch viele Generationen zu bewahren und weiterhin zugänglich zu machen.

Die Ruppert'sche Sammlung hat sich bereits als starker Magnet bewiesen, der zahlreiche Besucher in das Museum lockt. Dies ist nicht verwunderlich, beinhaltet sie doch etliche wahre Superlative, die nirgendwo sonst in vergleichbarer Form bestaunt werden können. Vorliegender Katalog ist eine Art Bestandsaufnahme, die dem Besucher einen deutlichen Mehrwert an Information zur Ausstellung liefert und gleichzeitig die mineralogische Bedeutung der gezeigten Exponate erklärt. Damit wird er auch zu einer wertvollen Ressource für jeden, der sich für den Harz als Bergbauregion und als Mineralfundgebiet interessiert. Ausstellungen brauchen keineswegs in eine einmal definierte Form gegossen bleiben, sondern können sich dynamisch weiter entwickeln. Peter C. Ruppert hat dies in den letzten Jahren eindrucksvoll unter Beweis gestellt mit immer weitergehenden Verbesserungen der Sammlung.

Gerne nutze ich diese Gelegenheit, Herrn Ruppert meinen herzlichsten Dank auszudrücken, nicht nur für das entgegengebrachte Vertrauen, sondern auch für seinen Enthusiasmus, seine Kooperationsbereitschaft, Unterstützung und Liebe für die Sache während all der Jahre, in denen die Sammlung nun schon der Öffentlichkeit zugänglich gemacht werden konnte. Ihnen, werte Besucherinnen und Besucher, wünsche ich viel Freude beim Bestaunen der Sammlung sowie inspirierende Neuerkenntnisse zur Schönheit, Vielfalt und Größe der Mineralien aus dem Harz.

Prof. Dr. Hartwig Frimmel

Inhaber des Lehrstuhls für Geodynamik und Geomaterialforschung
an der Julius-Maximilians-Universität Würzburg

Inhalt

Minerale und Gesteine aus dem Harz

Reich an Formen, metallisch glänzend, in edlem Weiß oder gar transparent, so vielfältig präsentieren sich die Minerale einer äußerst bemerkenswerten Sammlung zu den historischen Erzminerallagerstätten des Harzes, ausgestellt im Mineralogischen Museum der Universität Würzburg.

Wie alles begann

Leihgeber dieser Sammlung ist Peter C. Ruppert: Seit über 40 Jahren ist der Kunstsammler fasziniert von den eindrucksvollen Mineralen und Gesteinen des Harzes. Zahlreiche Besuche in der nahe seiner Heimatstadt Berlin gelegenen Mittelgebirgsregion weckten in ihm das Interesse für die Mineralvielfalt in Steinbrüchen und Gruben der damals noch aktiven Bergbauregion. Inzwischen umfasst seine Sammlung 302 Objekte.

Auf der Suche nach der perfekten Ausstellungsfläche für seine Sammlung kontaktierte Peter C. Ruppert auch das Mineralogische Museum in Würzburg. Nach einer ersten Begutachtung durch Professor Hartwig Frimmel im Herbst 2009 machte sich die Kustodin des Museums, Dr. Dorothée Kleinschrot, im Sommer 2010 zum ersten Mal auf den Weg nach Berlin, um sich einen Eindruck von der Sammlung zu verschaffen. Peter C. Ruppert hatte eingeladen und präsentierte seine schweren Erzbrocken und wunderschönen Mineralstufen, die alle auf Schwerlastregalen oder Holzpodesten in einem kleinen Raum untergebracht waren. Vor allem die großen Gangerze beeindruckten die Kustodin sehr. Mit vielen Fotos im Gepäck ging es zurück nach Würzburg.

Im Februar 2011 stattete das Ehepaar Ruppert dem Mineralogischen Museum einen Besuch ab, um die Räumlichkeiten zu begutachten. Die gegenseitige Begeisterung führte bald zu einer gemeinsamen Entscheidung: Die Sammlung wird als Dauerleihgabe im Mineralogischen Museum ausgestellt.

In einem ersten Schritt mussten die damals fast 300 Sammlungsobjekte wissenschaftlich dokumentiert werden. Unterstützung bei dieser mühevollen Aufgabe erhielt der Sammler von dem Wissenschaftler und Harzkenner Dr. Volker Lüders, der ihm schon beim Aufbau der Sammlung beratend zur Seite stand.

Weitere gegenseitige Besuche folgten, um die Auswahl der ausstellungswürdigen Objekte zu treffen und ein Raumkonzept zu erstellen. Für die Unterbringung der großen Exponate war es erforderlich, neue Vitrinen bauen zu lassen. Ein Antrag auf finanzielle Unterstützung ging an den Kanzler der Universität, zwei weitere an die Sparkassenstiftung und an den Universitätsbund.

Umzug nach Würzburg

Im Herbst 2012 war es endlich soweit: Der Leihvertrag war unterschrieben, die Kisten durften gepackt und auf den Weg von Berlin nach Würzburg gebracht werden.

Im Mineralogischen Museum bereitete man sich gründlich auf die wertvollen Stücke aus dem Harz vor: Es wurden Vitrinen leer geräumt, Exponate archiviert, Wände geweißt und neue Vitrinen aufgestellt. Im August 2013 waren die Räume bereit für den Aufbau der neuen Ausstellung. Mit großer Begeisterung gingen Peter C. Ruppert und Dorothée Kleinschrot ans Werk und gestalteten gemeinsam die Vitrinen mit den Sammlungsobjekten. Voller Stolz wurden zum Jahresende dann die Einladungen verschickt – um die Vernissage am 24. Januar mit über hundert Gästen zu feiern.

Der Sammler Peter C. Ruppert betrachtet die auffallend schöne Verwachsung aus würfelförmigen Halitkristallen und tafeligen Gipskristallen. Diese Stufe stammt aus dem ehemaligen Kalibergwerk bei Bleicherode am südlichen Harzrand. Foto: DK

Kein typischer Mineralsammler

Wenn sich ein Kunstsammler für Minerale interessiert, dann betrachtet er diese aus einer anderen Sicht als ein naturwissenschaftlicher Mineralsammler. Bei Peter C. Ruppert, der sich sonst auf das Sammeln konstruktiv konkreter Kunst konzentriert, sind es vor allem die Formen, die die Natur ausgebildet hat. Angefangen bei der symmetrischen Ausbildung der Kristalle, über deren Verwachsungen zu Mineralaggregaten bis hin zu den verschiedenen Erzausbildungen. Gesammelt hat er ausschließlich im Harz. Besonders beeindruckend ist die Größe der Exponate, vor allem der verschiedenen Erzstufen. Sie sind nicht nur wunderschön, sondern lassen sich auch für anschauliche Erläuterungen zur Entstehung der Erze verwenden. Im anschließenden Interview erfahren Sie noch mehr über den Sammler Peter C. Ruppert.

Der Harz als besonderer Sammlungsort

Warum ist eine Mineralsammlung aus dem Harz etwas Besonderes? Aus geologischer Sicht ist der Harz Teil eines tausend Kilometer breiten Gebirgsgürtels, der vor etwa 300 Millionen Jahren aufgefaltet wurde und heute nur an wenigen Stellen in den Mittelgebirgen Europas zu Tage tritt. Ein großer Teil liegt unter jüngeren Ablagerungen verborgen. Im Harz jedoch zeigen sich bis zu 500 Millionen Jahre alte Gesteine an der Erdoberfläche. Aus deren Vielfalt lassen sich die unterschiedlichen geologischen Prozesse ableiten, die zur Entstehung unseres Kontinents und der zahlreichen Erzlagerstätten führten. Diese wiederum waren so ergiebig, dass im Harz über Jahrtausende Bergbau betrieben wurde, um wichtige mineralische Rohstoffe für das tägliche Leben zu gewinnen.

Selbst für den interessierten Laien, der den geologischen Bezug nicht gleich erkennt, sind die unter ästhetischen Gesichtspunkten ausgewählten Exponate eine Besonderheit. Freunde der Konkreten Kunst, die Peter C. Ruppert aus dem Kulturspeicher der Stadt Würzburg kennen, können sich an den konkreten geometrischen Formen der Kristalle erfreuen.

Der Katalog zur Ausstellung

Als Besucher dieser Ausstellung sind Sie eingeladen, mit dieser Präsentation einzutauchen in die Entstehungsgeschichte der Erzlagerstätten und ihrer Mineralvielfalt sowie in die Bergbaugeschichte des Harzes. Entdecken Sie mit dem reich bebilderten Rundgang durch die Ausstellung die Besonderheiten der Exponate. Sollten Sie im Text über Fachbegriffe stolpern, die nicht direkt erklärt werden, finden Sie diese, wie auch die hier erwähnten Mineralnamen, im Glossar beschrieben.

Wir wünschen allen Besuchern viel Freude beim Rundgang durch die Ausstellung.

Dorothée Kleinschrot und Peter C. Ruppert

Mit diesem Roteisenstein auf Quarzit mit Quarzkristallen in Klüften begann vor über 40 Jahren die Sammlungsgeschichte von Peter C. Ruppert. Das Exponat aus Vitrine 56 stammt von der Halde einer ehemaligen Eisenerzgrube bei Braunlage. Größe 20 x 19 cm; Foto: CS

Peter C. Ruppert – ein Interview mit dem Sammler

Lieber Herr Ruppert, wann haben Sie damit begonnen, Erze und Minerale zu sammeln?

Der Beginn geht bis auf die 1970er Jahre zurück und entstand eher zufällig im Zusammenhang mit den Harzreisen meiner Mutter, die ich nach dem frühen Tod meines Vaters jahrzehntelang zu Urlaubstagen nach Braunlage chauffierte. Mein erstes Sammlungsstück war übrigens ein Roteisenstein aus den dort ehemals betriebenen Eisenerzgruben.

Was fasziniert Sie an den Mineralen?

Dass die Kristalle der Minerale im Gegensatz zu anderen Naturformen streng geometrisch ausgebildet sind. Entsprechend den Kunstformen in meiner Sammlung konstruktiver Kunst, die sich seit 2002 im Würzburger Museum im Kulturspeicher befindet. Insofern habe ich auch vorzugsweise auf ästhetisch eindrucksvolle Mineralstufen Wert gelegt.

Haben Sie sich ausschließlich auf Fundstücke aus dem Harz konzentriert? Wenn ja, warum?

Ja, ausschließlich auf den Harz mit seinen Randgebieten. Der Harz war für mich ein nahegelegenes, überschaubares Gebiet, damals noch mit aktivem Bergbau. Er gilt als das geologisch vielfältigste deutsche Mittelgebirge, wobei in der Literatur Teile des Nordwestharzes sogar als „Klassische Quadratmeile der Geologie" bezeichnet werden. Von den sowohl vulkanisch wie auch sedimentär entstandenen Mineralen und Gesteinen reizten mich insbesondere deren lokaltypische Vorkommen.

Politisch war der Harz, wie Ihre Heimatstadt Berlin, jahrzehntelang geteilt. Mit welchen Auswirkungen auf Ihre Sammlertätigkeit?

In den 1970er und 80er Jahren habe ich mich zwangsläufig auf den westlichen, zur Bundesrepublik gehörenden Teil des Harzes beschränken müssen. Erst nach der Wiedervereinigung war es dann möglich, die Sammlung mit Stufen aus dem zur ehemaligen DDR gehörenden Ostharz-Gebiet von berühmten Fundorten wie Neudorf, Ilfeld und Rottleberode nach und nach zu vervollständigen.

Welche Fundstücke liegen Ihnen besonders am Herzen?

Die Calcite von St. Andreasberg, hier besonders der Kanonenspat aus der „Edlen Kalkspatformation" auf Seite 69, die außergewöhnliche Großstufe des Silberminerals Dyskrasit aus der Grube Samson, abgebildet auf Seite 58, dann die Galenitstufen aus Neudorf, zu finden auf Seite 83 und die wunderschönen Fluorite aus Rottleberode in Vitrine 57 mit Beispielen auf den Seiten 84 bis 86. Weiterhin das tektonisch versetzte Bändererz aus Bad Grund, das ich auf dem Foto auf Seite 7 in den Händen halte. Auch der Zinkenit aus Wolfsberg von Seite 89 ist hervorzuheben und unter ästhetischen Aspekten betört mich besonders die Vielgestaltigkeit der großen Halit-Gipsstufe in der Sondervitrine, abgebildet auf Seite 2.

Sind Sie selbst losgezogen und haben mit dem Hammer nach Gesteinen gesucht?

Einige Male, aber über die lange Zeit gesehen

eher selten. Und wenn, dann in Steinbrüchen und auf alten Bergwerkshalden, nicht unter Tage. Ansonsten habe ich mich unter den im Harz ansässigen Sammlern und Händlern umgetan und regelmäßig die Börse in Clausthal-Zellerfeld sowie die dortige Mineraliensammlung der Technischen Universität besucht.

Wie hat sich Ihr Sammlungskonzept entwickelt?

Ausgehend von einer aus Liebhaberei entstandenen unverbindlichen Ansammlung wurde im Laufe von vier Jahrzehnten eine systematisch strukturierte Lagerstätten-Spezialsammlung aufgebaut, bezogen auf regional vorkommende Mineralklassen und formale wie mineralogische Besonderheiten.

Wie haben Sie sich in Ihr spezielles Sammelgebiet „Harzminerale und -gesteine" eingearbeitet, haben Sie sich bei Ankäufen beraten lassen?

In die Materie eingearbeitet habe ich mich als Autodidakt, habe Fachliteratur gelesen und von den Kontakten zur Sammler- und Händlerszene vor Ort profitiert. Hervorzuheben ist in dieser Hinsicht meine langjährige Zusammenarbeit mit Herrn Dr. Volker Lüders, heute wissenschaftlicher Mitarbeiter am Deutschen GeoForschungsZentrum in Potsdam. Im Laufe der Jahre hat er mir sowohl fachwissenschaftlich wie auch sammlerisch beratend zur Seite gestanden. Er hat obendrein die Dokumentation der Sammlung als Grundlage für deren Präsentation erstellt.

Welchen Umfang hat Ihre Sammlung, wie ist sie strukturiert und welche Qualitätskriterien gelten für die Exponate?

Wörtlich genommen bin ich „steinreich": Die Kollektion umfasst 302 Stufen, davon sind 191 ausgestellt. Sie ist auf Lagerstätten fokussiert, also nach Fundorten ausgerichtet, wobei geologisch drei Regionen unterschieden werden: Oberharz, Mittelharz und Unterharz mit Zechstein (Harzvorland). Schwerpunktbildungen stehen Einzelpositionen gegenüber, um einen abwechslungsreichen Kontext herzustellen, der gerade bei einer auf ein Gebiet konzentrierten Sammlung angebracht ist. Hinsichtlich der Beschaffenheit der Stufen war mir immer wichtig, dass sie naturbelassen, nicht zurechtgestutzt oder ausgebessert waren.

Gibt es Erwerbungen, die sich als besonders schwierig herausgestellt haben?

Generell ist es nicht einfach, großformatige Stufen, wie ich sie bevorzuge, auch zu bekommen. Das gilt insbesondere für seltenere Minerale, auch für solche, die sich schon in Sammlungen befinden und überhaupt für herausragende Stücke. Speziell erinnere ich mich an eine Situation, in der ich erst eine bestimmte Stufe von dritter Seite erwerben musste, um dann schließlich im Tauschweg an mein Wunschobjekt heranzukommen.

Was ist typisch für Ihre Sammlung, was unterscheidet sie von anderen Kollektionen?

Ich habe mich auf Exemplarisches konzentriert, weniger auf Varietäten. Eine Besonderheit ist vielleicht, dass ich von jeher repräsentative Großstufen bevorzugt habe. So gehörten beispielsweise kleine Formate bis hin zu Mikromounts – auch wenn noch so selten – nie zu meinen Favoriten. Ansonsten habe ich versucht, wie bei meiner Kunstsammlung, subjektives Gefallen objektiven Kriterien unterzuordnen, den Ansprüchen einer öffentlich zugänglichen Präsentation entsprechend.

Ist die Sammlung abgeschlossen bzw. wie wird sie noch ergänzt?

Sogenannte „Highlights“, sowie auch Stufen, die Lücken schließen oder im Austausch die Sammlung qualitativ weiterbringen, sind weiterhin im Fokus und von daher ist die Sammlung nicht abgeschlossen.

Warum haben Sie sich dafür entschieden, Ihre Sammlung dem Mineralogischen Museum der Universität Würzburg zu überlassen?

Ich habe dort einerseits ein zwar kleines, aber feines und gut geführtes Museum kennengelernt mit einer Sektion für Lagerstätten, auf die auch meine Sammlung fokussiert ist. Zum anderen, weil sich bereits meine Kunstsammlung im Würzburger Museum im Kulturspeicher befindet und meine Frau und ich durch die verliehene Ehrenbürgerschaft dieser Stadt auf besondere Weise verbunden sind.

Vielen Dank.

Die Sammlung auf Schwerlastregalen in Berlin, das Foto links zeigt den Sammler Peter C. Ruppert mit einem seiner Lieblingsexponate, einem Bändererz mit Bruchlinie aus der Grube Hilfe Gottes bei Bad Grund. Fotos: VL, DK

Der Harz, das nördlichste Gebirge Deutschlands, physische Karte mit den für den historischen Bergbau wichtigsten Städten.
Kartengrundlage: GfK Geomarketing
Kartographie: Winfried Weber, Institut für Geographie und Geologie, Universität Würzburg

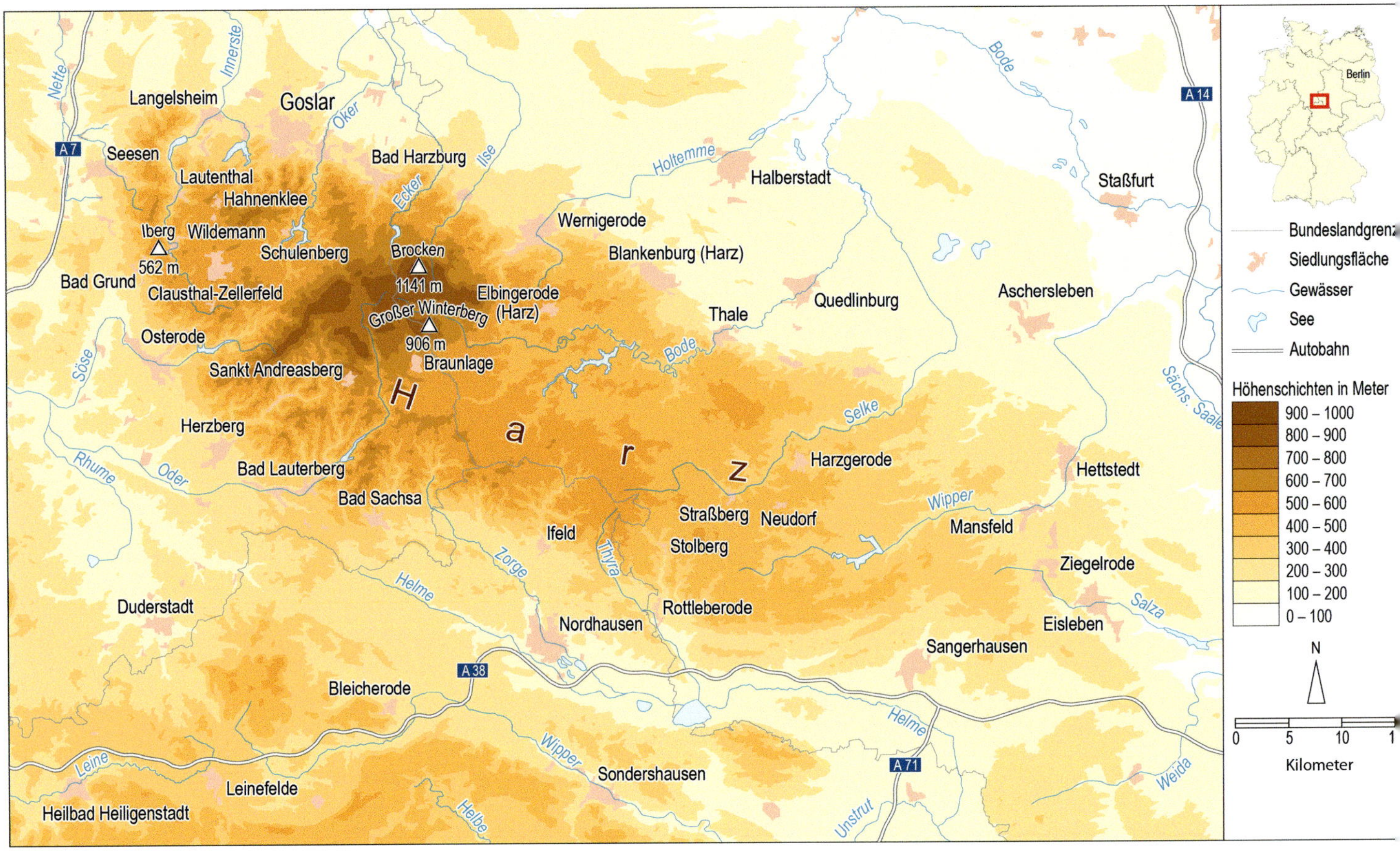

Rechte Seite:
Geologische Übersichtskarte des Harzes, eingezeichnet sind auch die morphologischen Großeinheiten, verändert nach Stedingk und Kleeberg (2012).

Der Harz – klassische Region weltbekannter Erzlagerstätten

500 Millionen Jahre Erdgeschichte

Mit seiner steilen Reliefkante im Norden und dem nach Süden und Osten hin flach auslaufenden Vorland bildet der Harz ein typisches Pultschollengebirge, das eine WNW-OSO Ausdehnung

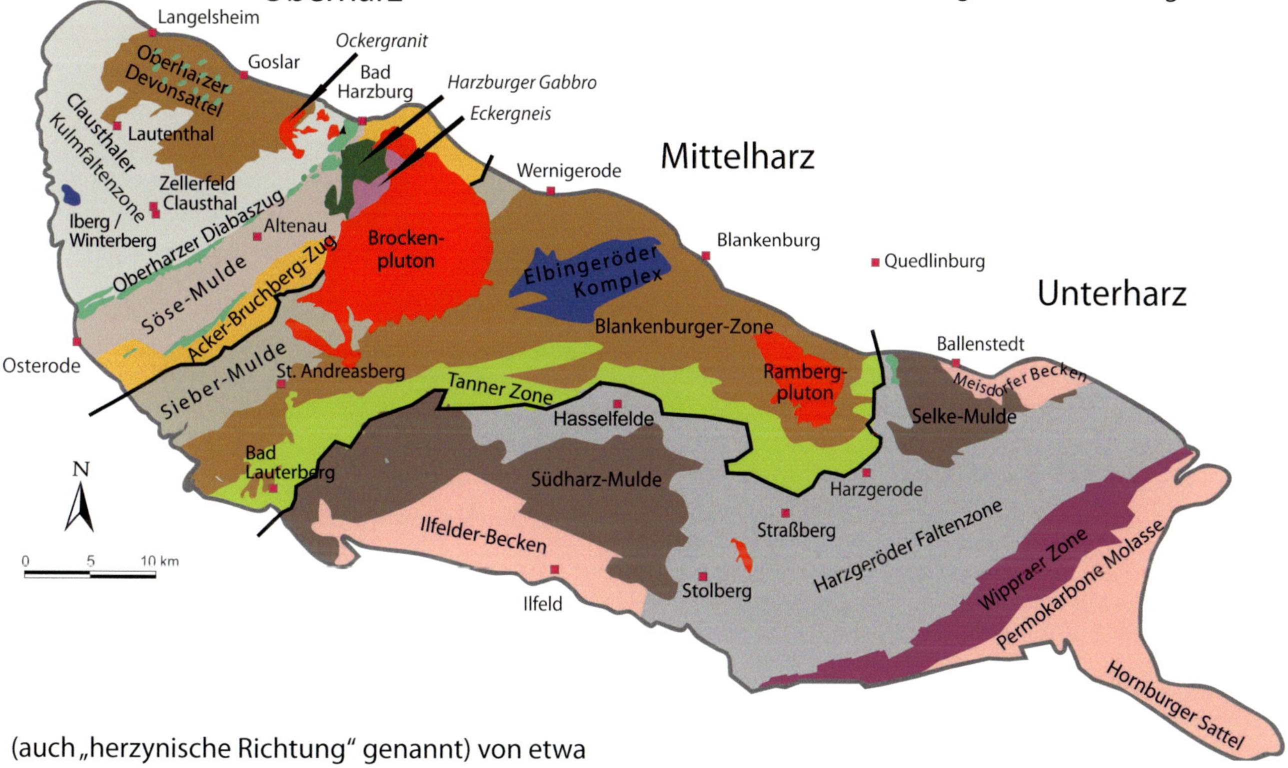

(auch „herzynische Richtung" genannt) von etwa 120 Kilometern und eine Breite zwischen 30 und 40 Kilometern aufweist. Er gehört zu den Mittelgebirgen Deutschlands und liegt, wie die physische Karte auf der gegenüberliegenden Seite zeigt, am Schnittpunkt der Bundesländer Niedersachsen, Thüringen und Sachsen-Anhalt. Ausgedehnte Hochflächen, steile Bergketten, enge und tief eingeschnittene Kerbtäler, künstlich gestaute Seen sowie Blockhalden und Hochmoore prägen die Landschaft. Die höchste Erhebung ist der Brocken mit 1141 Metern, der zusammen mit dem Wurmberg (971 m), Bruchberg (927 m), Achtermann (925 m), großer Winterberg (906 m) und weiteren Gipfeln um 600 bis 900 Metern Höhe den Hochharz bildet. Ausgedehnte Wälder gaben dieser Region im Mittelalter seinen Namen „Hart", was die Bedeutung für Bergwald war. Geologisch wie auch morphologisch lässt sich der Harz in drei Großeinheiten gliedern, die man nach Mohr (1993) als Oberharz, Mittelharz und Unterharz bezeichnet. Diese werden in weitere strukturgeologische Einheiten unterteilt, wie es die geologische Übersichtskarte zeigt.

Teil eines breiten Gebirgsgürtels

Der Harz und das Rheinische Schiefergebirge bilden die nördlichsten heute aufgeschlossenen Teile des in einem Zeitraum vor rund 400 bis 300 Millionen Jahren gefalteten Variszischen Gebirges, das weite Bereiche Mittel- und Westeuropas einnimmt. Ein großer Teil dieses bis zu 1000 Kilometer breiten Gebirgsgürtels liegt unter jüngeren Ablagerungen verborgen.

Erste Ablagerungen im Meeresbecken

Im Verlauf der Erdgeschichte haben sich Form, Größe und Position der Kontinente und Ozeane durch plattentektonische Prozesse immer wieder verändert. Die geologische Übersichtskarte auf Seite 9 zeigt eine Vielfalt an geologischen Strukturen, die Zeugnis geben von den unterschiedlichen Ablagerungsräumen, die wiederum auf Klimaveränderungen hinweisen, und den Gebirgsbildungsprozessen im Harz. So bildeten sich die ältesten Gesteine des Harzes vor etwa 500 Millionen Jahren in einem Meeresbecken, das in der Nähe des Südpols lag. Diese frühen Ablagerungen wurden von jüngeren überlagert und in größeren Tiefen der Erdkruste zu metamorphen Gesteinen, wie zum Beispiel den Gesteinsserien der Wippraer Zone, umgewandelt.

Vulkanismus am Meeresboden

Bereits im frühen Ordovizium führten Dehnungsbewegungen in der Erdkruste zur Abtrennung der Kontinentscholle Avalonia vom Großkontinent Gondwana und damit zur Öffnung des Rheischen Ozeans. Das Weiterdriften Avalonias bewirkte die Kollision mit Baltika und Laurentia, was zur Kaledonischen Gebirgsbildung führte. Die Abbildung auf der nächsten Seite zeigt diese Situation vor 400 Millionen Jahren. Am Südrand des neu entstandenen Kontinents bildete sich aufgrund von Dehnungsprozessen ein tiefes Meeresbecken, das zum Sedimentationsraum wurde. Die Dehnungsbewegungen führten auch dazu, dass sich Spalten in der Erdkruste bildeten, entlang derer basaltische Magmen aufstiegen und heiße dünnflüssige Laven förderten, die im Meerwasser zu einer Kissenform abkühlten. Solche Kissenlaven kann man im Oberharz finden, wo durch sekundäre Umwandlungsprozesse die ursprünglichen Basalte zu Diabas vergrünten. Dieser ist im Harz weit verbreitet, zum Beispiel im Oberharzer Devonsattel, in Aufschlüssen entlang des Oberharzer Diabaszuges und in Teilen des Elbingeröder Komplexes.

Bei einigen über die Meeresoberfläche hinaus ragenden Vulkanen kam es zu explosiven Ausbrüchen, dies bezeugen zum Beispiel die aus pyroklastischem Material abgelagerten Schalsteinserien des Elbingeröder Komplexes.

Bildung von Korallenriffen

Plattentektonische Bewegungen ließen im Laufe von 100 Millionen Jahren den Ablagerungsraum der heute ältesten Harzgesteine vom Südpol in tropische Breiten wandern, wo das Klima und die vulkanischen Erhebungen ideale Bedingungen für Korallen zur Riffbildung boten. Zeugen hierfür sind die vor etwa 385 bis 375 Millionen Jahren im Devon entstandenen mächtigen Kalksteinablagerungen des Ibergs bei Bad Grund und des Elbingeröder Komplexes. In den tieferen Meeresbecken wurden vom Oberdevon bis Unterkarbon mehrere tausend Meter mächtige Sedimente abgelagert. Zeugnisse hierfür sind die Gesteine des Oberharzer Devonsattels sowie der Kulmfaltenzone.

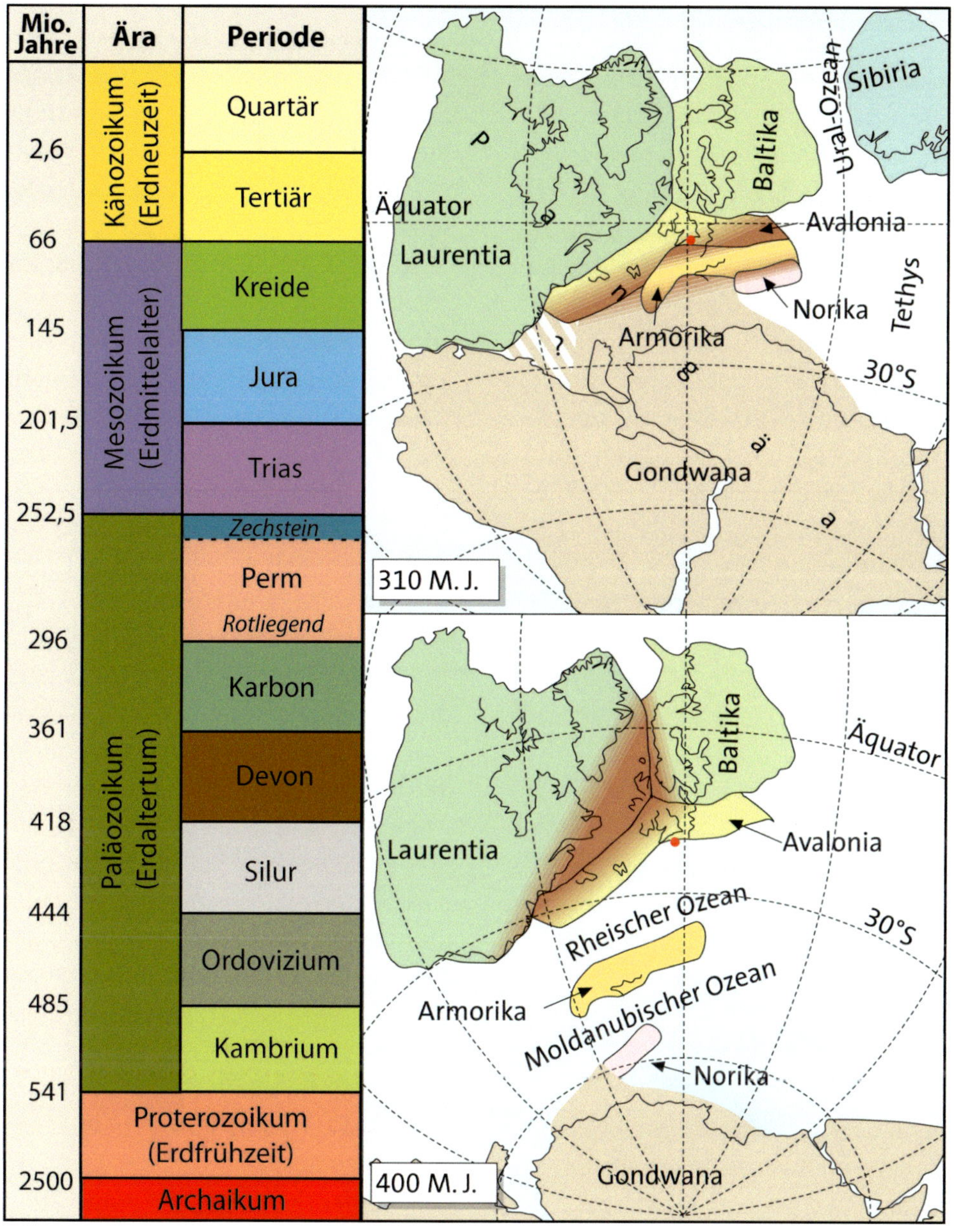

Links:
Erdgeschichtliche Zeittafel nach der stratigraphischen Tabelle von Deutschland (2016), hier sind zusätzlich die regionalen Gruppen Zechstein und Rotliegend innerhalb des Perms eingetragen.

Rechts:
Paläogeographische Darstellung der Lage der Kontinente vor 400 und 310 Millionen Jahren. Der rote Punkt zeigt, wo die Gesteine des heutigen Harzes entstanden sind. Verändert nach Frisch und Meschede (2005).

Variszische Gebirgsbildung

Während des Karbons kam es zur Einengung des Rheischen Ozeans bis hin zur Kollision der Großkontinente Laurentia und Gondwana und damit zur Bildung des Superkontinents Pangäa. Die paläogeographische Karte auf Seite 11 zeigt diese geologische Situation vor 310 Millionen Jahren. Unter dem Einengungsdruck wurden die mächtigen vulkanosedimentären Gesteinsstapel gefaltet, geschiefert und überschoben. Typisch für diese variszische Faltung sind WSW-ONO gerichtete Faltenachsen. Sobald die gestauchten und verfalteten Gesteinsschichten über den Meeresspiegel herausgehoben waren, unterlagen sie der Abtragung. Der Abtragungsschutt aus Geröllen, Sand und Ton wurde nach Nordwesten transportiert, wo man heute die mächtige Wechselfolge von Grauwacken und Tonschiefern der Kulmfalten-, Sieber- und Tanner-Zone findet. Gegen Ende der Faltung, am Übergang von Karbon zu Perm, vor etwa 300 Millionen Jahren drangen zunächst basaltische Schmelzen in die gefalteten Sedimente ein und bildeten den Harzburger Gabbro. Anschließend folgte der Aufstieg von SiO_2-reicheren Schmelzen, die dann zu den Graniten des Oker-, Brocken- und Ramberg-Plutons erstarrten.

Verwitterung, Überflutung und Heraushebung der Harzscholle

Das entstandene Gebirge unterlag tropisch-arider Verwitterung und wurde innerhalb von 50 Millionen Jahren weitgehend abgetragen. Der Abtragungsschutt füllte die Senken und Becken zwischen den Gebirgsketten. Auch das Ilfelder Becken hat sich zur Zeit des Rotliegend (siehe erdgeschichtliche Zeittafel Seite 11) mit verfestigten Gesteinsbruchstücken, Sand- und Tonsteinen gefüllt. Dehnungsbewegungen in der Erdkruste rissen Spalten auf und führten zu explosiver vulkanischer Tätigkeit vor rund 290 Millionen Jahren. Die geförderten Magmen und pyroklastischen Ströme und die größtenteils darunter liegenden Sedimente des Ilfelder Beckens bilden heute eine mehrere 100 Meter mächtige Gesteinsabfolge.

Vor 257 Millionen Jahren, zur Zeit des Zechsteins, überflutete das Arktische Meer infolge eines eustatischen Meeresspiegelanstieges die eingeebneten Flächen und Sedimentbecken. Diese Meerestransgression bedeckte weite Teile Mitteleuropas. Durch die rasche Überflutung entwickelte sich eine reiche Lebewelt. Am Boden des Flachmeeres jedoch sank bald der Anteil an Sauerstoff aufgrund schlechter Durchlüftung, so dass sich die große Menge an organischem Material nicht zersetzen konnte. Es bildete sich ein Faulschlamm aus abgestorbenen Organismen und tonigen bis kalkigen Sedimenten, der sich am Boden des Meeres ablagerte und nach Verfestigung eine dünne schwarzgefärbte Tonmergelschicht hinterließ. Noch heute findet man im nördlichen Teil Mitteleuropas gut erhaltene Fischfossilien in dieser Gesteinsschicht. Als Binnenmeer war das Zechsteinmeer nicht immer mit dem Ozean verbunden, sondern lange Zeit abgeschnürt, was zu Verdunstung und Versalzung des Meerwassers führte. Als Nachweis hierfür findet man noch heute die Reste von mächtigen Kalk-, Gips- und Salzablagerungen im Unterharz und im Harzvorland.

Erneute tektonische Aktivitäten zur Zeit des Juras verursachten ruckartige Schollenbewegungen in Richtung Norden und führten zur sogenannten Harznordrandstörung. Die Heraushebung der Harzscholle zur heutigen Form erfolgte in der Oberkreide vor etwa 85 Millionen Jahren als Fernwirkung der Alpenbildung.

Bedeutende Vielfalt an Vererzungstypen

Die unterschiedlichen geologischen Prozesse, die im Laufe der erdgeschichtlichen Entwicklung zur Bildung des Mittelgebirges Harz führten, haben eine Vielfalt an Gesteinen, Mineralen und Erzen hinterlassen. Die Revierkarte auf dieser Seite zeigt die Bergbau- und Lagerstättenbezirke des Harzes.

Sedimentgebundene massive Sulfiderze

Die vulkanischen Aktivitäten entlang der Dehnungsspalten im Meeresbecken am Südrand von Avalonia führten im unteren Mitteldevon zur Entstehung der berühmten Erzvorkommen am Rammelsberg bei Goslar (Revier I). Am Boden eines flachen Meeresbeckens drang Meerwasser in Spalten und Klüfte des Meeresbodens ein, wurde

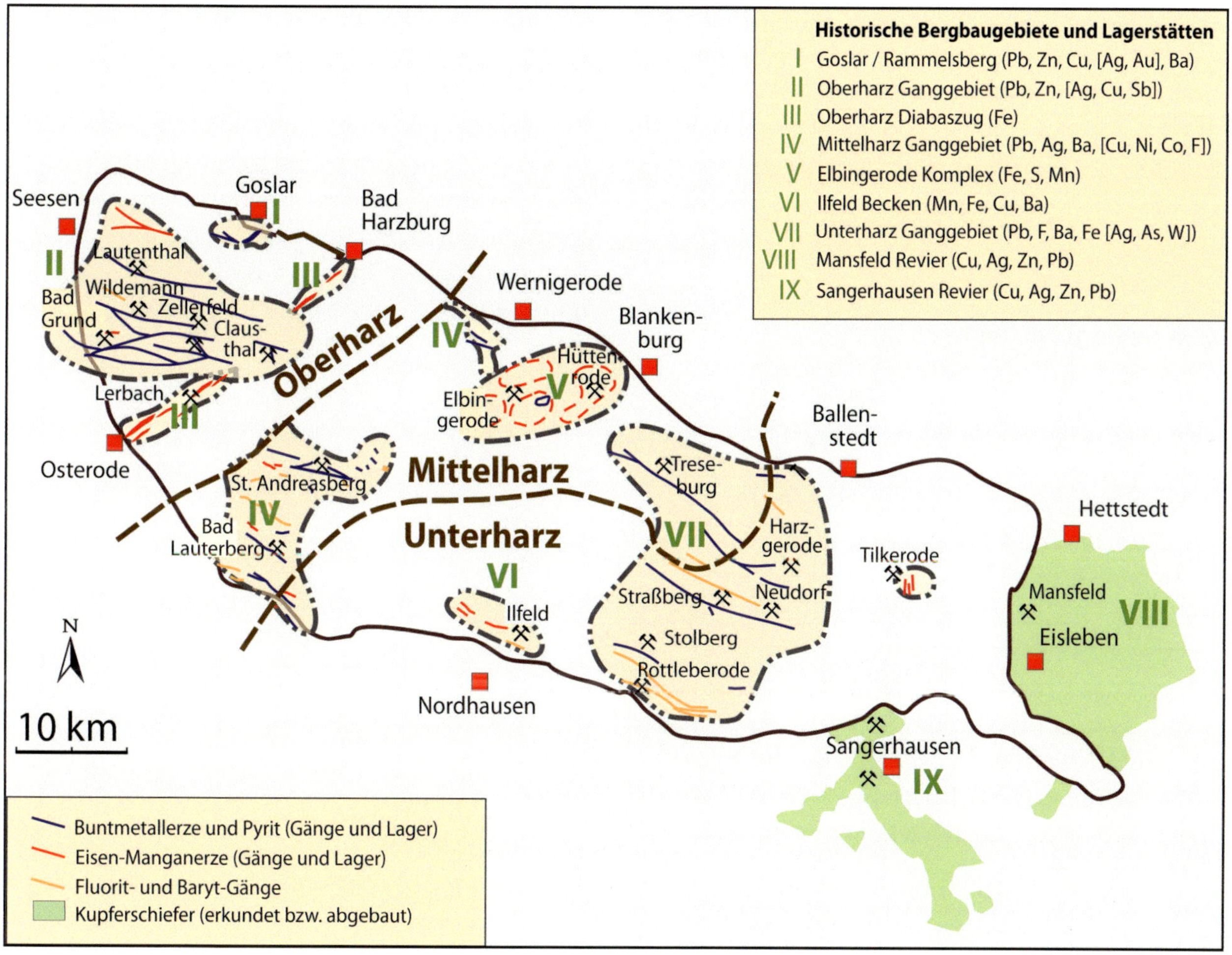

Revierkarte der historischen Bergbaugebiete im Harz, eingeteilt nach ihrem Lagerstättentyp in Reviere I bis IX. Nach einer Vorlage von Klaus Stedingk (2013).

aufgeheizt und konnte Metalle aus dem Gestein lösen. Diese heißen metallhaltigen Lösungen stiegen wieder zum Meeresboden auf, wo sie als sogenannte Schwarze Raucher im Meerwasser zu Sulfiden gefällt wurden. Der neu gebildete Erzschlamm setzte sich gleichzeitig mit Tonen und Sanden am Meeresboden ab und verfestigte sich. Während der variszischen Faltung des Harzes kam es zur tektonischen Überprägung. Typisch sind gefältelte Banderze aus Sulfiden im Wissenbacher Schiefer, wie sie in der Ausstellung auf den Podesten 1 und 2 zu finden sind. Waren in den submarinen Hydrothermen größere Mengen Eisenchlorid enthalten, dann bildeten sich sulfidische, oxidische und karbonatische Eisenerze, wie in den Roteisensteinrevieren im Oberharzer Diabaszug und den Eisenerzlagerstätten bei Elbingerode (Reviere III und V).

Gangerzlagerstätten

Nach der Auffaltung des variszischen Gebirges kam es zur ersten Bildung von Gängen und deren Mineralisation. Die Erzgänge im Harz (Reviere II, IV, VI und VII) zeigen alle eine NW-SO Richtung. Vor allem die Entstehung der Oberharzer Erzgänge ist zurückzuführen auf die jüngere Bruchtektonik, die im Mesozoikum vor etwa 226 bis 200 Millionen Jahren begann und auf Dehnungsprozesse in der Erdkruste zurückzuführen ist, welche später zum Zerbrechen des Superkontinents Pangäa führten (Lüders, 1995; Müller und Franzke, 2014; Stedingk, 2012). In den Spaltenhohlräumen der zerbrochenen Gesteine konnten metallreiche hydrothermale Lösungen aus der Tiefe zusammen mit schwefelhaltigen Lösungen aus dem Nebengestein und den darüber liegenden Zechsteinsalzen zirkulieren und verschiedene Erzminerale absetzen. Die in den 200 bis 300 °C heißen Lösungen enthaltenen Stoffe bildeten auch Minerale aus, die nicht genutzt wurden, sogenannte Gangarten, bestehend aus Quarz und Karbonaten. Bei ungestörter Mineralausscheidung erfolgte diese rhythmisch von den Spaltenwänden zur Mitte hin, Gangart und Erzminerale wechselten sich ab und es konnten die typischen Bändererze entstehen, wie es das Foto auf der rechten Seite zeigt.

Die Heraushebung der Harzscholle zur Zeit der Oberkreide führte zu erneuten tektonischen Bewegungen und somit zum weiteren Aufreißen von Spalten. Dabei bildeten sich Brekzienerze (Seite 16), seltener auch Kokarden- oder Ringelerze mit Quarz und Calcit. Mächtige Siderit- und Baryttrümer reicherten sich lokal an. Ein Trum ist ein aus dem Hauptgang abzweigender Teil eines Erzganges. In einer Nachphase kam es zu Umlagerungen und Rekristallisation, die meisten Sammlerstücke stammen aus dieser Phase (Stedingk, 2012).

Rechte Seite:
Bändererz aus dem silbergrau glänzenden Bleisulfid Galenit, dem bronzefarben glänzenden Kupfereisensulfid Chalkopyrit und dem dunkelbraungrauen Zinksulfid Sphalerit, Gangart ist weißer Calcit. Grube Hilfe Gottes, 18. Sohle liegend West, Bad Grund; Ausschnitt, Originalgröße 45 x 34 cm, auf Podest 8; Foto: DK

Kokardenerz mit Sphalerit im Zentrum der Kokarden, Galenit als Umrandung und Gangart Quarz. Grube Hilfe Gottes, 14. Sohle West, Bad Grund; Ausschnitt, Originalgröße 40 x 37 cm, auf Podest 7; Foto: DK

Brekzienerz aus dem silbergrauen Bleisulfid Galenit, dem dunkelbraungrauen Zinksulfid Sphalerit, weißem Quarz und Gesteinsbruchstücken. Grube Hilfe Gottes, Bad Grund; Größe 27 x 30 cm, Vitrine 54; Foto: KH

Beim Rundgang durch die Ausstellung und auf den hier abgebildeten Fotos findet man schöne Beispiele der verschiedenen Vererzungsphasen auf Podesten sowie in den Vitrinen 52, 54, 55 und 56. Die wichtigsten Gangreviere liegen im Ober- und Mittelharz. Im Unterharz (Revier VII) treten unter anderem die ältesten Gangerze auf. Im Zuge jungvariszischer Aktivierung einiger Gangstrukturen bildeten sich die Antimonit-Quarz-Gänge im Raum Wolfsberg, vermutlich auch geringe Fluorit-Quarz-Wolframit-Mineralisationen auf dem Straßberg-Neudorfer Gangzug (Vitrine 57). Die übrigen Gangerze des Unterharzes sind jünger und wurden während Phasen aktiver Tektonik im Jura gebildet (Stedingk et al., 2016).

Vererzungen im Zechstein des Harzvorlandes

Hohe Verdunstungsraten des Zechsteinmeeres aufgrund des ariden Klimas sowie die Abschnürung des Binnenmeeres vom Ozean führten zur Absenkung des Meeresspiegels und damit verbundener Versalzung des Meerwassers. Anaerobe Bakterien zersetzten das organische Material in dem am Meeresboden gebildeten Faulschlamm. Dabei entstand Schwefelwasserstoffgas, das mit den im Meerwasser vorhandenen Metallen Verbindungen einging und Sulfide ausfällte. Die Metalle wurden zum einen von Flüssen aus den Erosionsgebieten ins Meer gebracht, zum anderen waren es hydrothermale Lösungen aus submarinen Quellen, die in das Sediment gelangten. Die aus diesen Prozessen entstandene wenige Dezimeter bis maximal ein Meter mächtige Tonmergelschicht (Meschede, 2018) ist weit verbreitet in Mitteleuropa und wird wegen ihres hohen Anteils an Kupfer auch „Kupferschiefer" genannt, wobei auch eine Reihe anderer Bunt- und Edelmetalle darin angereichert sind. Abbauwürdige Vererzungen sind auf wenige Gebiete beschränkt, diese liegen vor allem am Rande des variszischen Gebirges. Bis ins 20. Jahrhundert wurde diese dünne metallreiche Schicht abgebaut, das bekannteste und bedeutendste Vorkommen ist das Revier von Mansfeld und Sangerhausen am Südostrand des Harzes. In Vitrine 58 ist ein sehr altes Fundstück von Kupferschiefer mit Silber zu sehen. Der Silbergehalt lag im Mansfelder Revier bei durchschnittlich 5 Gramm pro Tonne Kupfer (Spilker, 2010).

Durch die Versalzung des Meerwassers konnten sich Evaporite, sogenannte Eindampfungsgesteine, abscheiden. Ihrer Löslichkeit entsprechend wurden Karbonate, Sulfate, Chloride und zum Schluss verschiedene Kalisalze ausgefällt. Durch mehrfache Überflutung und Eindampfung des Meerwassers und gleichzeitiger Absenkung des Meeresgrundes bildeten sich zur Zeit des Zechsteins vier Hauptzyklen des salinaren Eindampfungsprozesses aus. Diese Zyklen werden Werra-, Staßfurt-, Leine- und Aller-Serie genannt. Die dabei entstandenen Evaporite sind die Karbonate Kalk und Dolomit, das Sulfat Gips und die Chloride Steinsalz und Kalisalze. Selten treten auch Borate auf. Sedimentablagerungen während des Erdmittelalters führten zur Entwässerung von Gips und Umbildung in das kristallwasserfreie Sulfat Anhydrit (Stedingk, 2012; Ließmann, 2018). Vitrine 58 zeigt schöne Stufen von Anhydrit, Gips und Boraten.

Fördergerüst über dem Rammelsberg-Schacht und ehemalige Aufbereitungsanlage. Links erkennt man den Schrägaufzug zur Personenbeförderung. Seit 1992 steht das Erzbergwerk unter Denkmalschutz und gehört als Besucherbergwerk zum UNESCO-Weltkulturerbe. Foto: DK

Der Harz – Bergbauregion mit langer Tradition

Von der Bronzezeit bis heute

Die zahlreichen Erzvorkommen im Harz führten zu einer über Jahrtausende andauernden Bergbautätigkeit, die möglicherweise bereits in der Bronzezeit begann. Über mehrere Jahrhunderte blühte vor allem der Abbau von Kupfer-, Blei-, Zink-, Silber- und Eisenerz. Gegen Ende des 20. Jahrhunderts wurden die letzten Gruben stillgelegt.

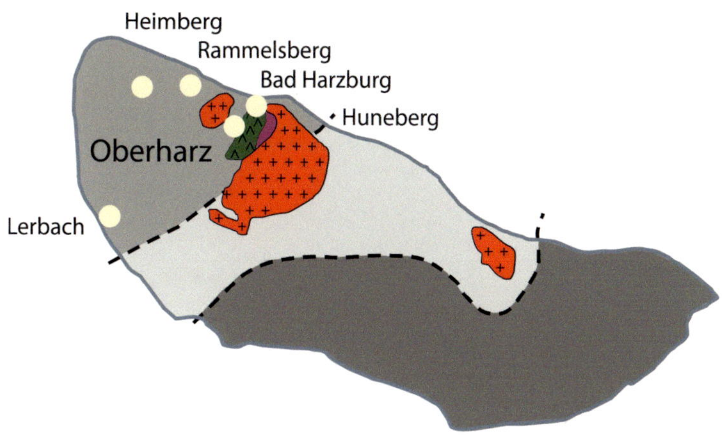

Die Steinbrüche des Oberharzes und das Erzbergwerk Rammelsberg. Grafik: VL und DK

Die Bergbaureviere im Oberharz

Archäologische Ausgrabungen bei Osterode im südlichen Harzvorland belegen, dass bereits im 3. Jahrhundert n. Chr. Buntmetallerze verhüttet wurden. Dort fand man Hinweise auf einen Schmelzplatz mit Schlacken und Erzresten. Als Herkunftsort des Erzes konnte man das Lager am Rammelsberg nachweisen. Die erste urkundliche Erwähnung des Bergbaus am Rammelsberg ist auf das Jahr 968 datiert. Aus dieser Zeit bezeugen Münzen die bergbauliche Tätigkeit. Bis in das 14. Jahrhundert konzentrierten sich die bergbaulichen Aktivitäten auf oberflächennahe Erzausbisse und Gangvererzungen. Ab dem 16. Jahrhundert wurden die Gangsysteme systematisch untersucht und der untertägige Bergbau intensiviert.

Der Oberharz war die wirtschaftlich wichtigste Bergbauregion für die Buntmetalle Kupfer, Blei und Zink. Außerdem hat man Silber und etwas Gold aus dem Erz gewonnen.

Erzbergwerk Rammelsberg bei Goslar

Die berühmteste und gleichzeitig wirtschaftlich bedeutendste Erzlagerstätte des Harzes ist der 635 Meter hohe Rammelsberg südlich der Stadt Goslar. Mit einer Förderung von 30 Millionen Tonnen Reicherz stellt das Erzbergwerk am Rammelsberg die größte Metallanreicherung auf engstem Raum im Oberharz dar. Das im Mitteldevon entstandene massive Sulfiderzvorkommen bestand aus zwei Erzkörpern, dem „Alten" und dem im 19. Jahrhundert entdeckten „Neuen Lager". Der Abbau konzentrierte sich vor allem auf Erze der Buntmetalle Blei, Kupfer und Zink, zu geringen Anteilen auch auf Silber (120 Gramm pro Tonne) und Gold (1 Gramm pro Tonne). Am 30. Juni 1988 wurde der Erzabbau am Rammelsberg nach mehr als 1500-jähriger Bergbautätigkeit stillgelegt (Ließmann, 2010; Stedingk, 2012 und 2016).

Im „Alten Mann" des Rammelsberges bildeten sich während der langen Bergbautätigkeit Vitriole an den Grubenwänden. Durch Feuersetzen hat man damals das sehr feste Erzgestein gelockert, dabei blieb viel zerkleinertes Gestein und Erz zusammen mit Asche zurück. Sickerwasser oxidiert das Material und vor allem aus den Eisensulfiden bildete sich schwefelsaures Grubenwasser, das wiederum andere Erzminerale angriff. Bei diesen chemischen Reaktionen wurde Wärme frei, die Temperaturen stiegen bis auf 60 °C an. Durch die Verdunstung des Grubenwassers kristallisierten verschieden farbige metallreiche Lösungen an den alten Grubenwänden aus. Das Foto unten zeigt einen etwa 2 m breiten Ausschnitt der Grubenwand. Fotos: DK

Die Steinbrüche des Oberharzes

Im Nordwesten des Rammelsberges liegt der Ort Wolfshagen, in dessen ehemaligem Steinbruch am Heimberg bis zu seiner Schließung im Jahr 1989 Diabas für die Schotter- und Splitgewinnung abgebaut wurde. Der Steinbruch galt als guter Fundpunkt für Bergkristall und Aragonit und wurde darüber hinaus durch Funde von seltenen Nickelerzen berühmt, die dem Heimberg-Dröhneberger Gangzug angehören. Der ehemalige Steinbruch ist heute vollständig renaturiert.

Das Gabbromassiv von Bad Harzburg befindet sich etwa 10 Kilometer östlich von Goslar. Im Steinbruch an der B27 etwa 2 Kilometer südlich von Bad Harzburg wird heute noch Gabbro zur Split- und Schotterverarbeitung gewonnen. Der alte Bärensteinbruch im Radautal, in dem namensgebend das Gestein Harzburgit beschrieben wurde, ist seit langem stillgelegt. Dennoch werden in den Steinbrüchen Mineralsammler immer wieder fündig, wie es die Exponate in Vitrine 51 zeigen.

Südwestlich von Bad Harzburg liegt der Diabas-Steinbruch Huneberg bei Torfhaus. Jährlich werden etwa 1 Million Tonnen Schotter, Split, Mineralgemische und Wasserbausteine produziert. Ursprünglich wurde das Hartgestein für den Bau der Okertalsperre in den 1950er Jahren genutzt, seit den 1970er Jahren wegen seiner hervorragenden Eigenschaften auch für den Straßenbau. Mittlerweile hat der Abbau eine Tiefe von etwa 150 Metern erreicht. Nach Ablauf der Betriebserlaubnis soll das ehemalige Steinbruchgelände ein Naturschutzgebiet werden (www.kemna.de).

Von Osterode im Südwesten bis Bad Harzburg im Nordosten verläuft über eine Länge von 25 Kilometer in einem schmalen Streifen der Oberharzer Diabaszug. Dieser setzt sich zusammen aus Sedimentgesteinen und submarinen devonischen Vulkaniten. In seinem Verlauf wird er an der Oberfläche immer schmaler bis er im zentralen Bereich bei Altenau nahezu verschwindet und zwischen Huneberg und Bad Harzburg wieder breiter auftaucht (s. Karte Seite 9).

Der Abbau massiger Roteisensteinvorkommen am Oberharzer Diabaszug konzentrierte sich vor allem auf Lerbach, die Eisenverhüttung ist seit 1460 belegt, vermutlich wurde dort schon früher Eisenerz abgebaut. Die Entstehung der Erze steht mit dem submarinen Vulkanismus während der Zeit des Mitteldevons in Zusammenhang. Der Bergbau erfolgte bis in das Jahr 1867 in sogenannter „Eigenlehnerschaft". Dies bedeutet, dass Bergbautreibende mit Abbauberechtigung für bestimmte Zeit auf eigene Kosten Erz abgebaut haben (Radday, 2002).

Letzte bergbauliche Versuche auf der Grube Weintraube endeten im Jahr 1941. Neben dem Eisenoxid Hämatit treten auf den Lerbacher Erzvorkommen seltene sekundäre Blei- und Quecksilber-Selenminerale wie Clausthalit und Tiemannit auf. Das sogenannte „Lerbachiterz" bezeichnet ein Gemenge aus beiden Mineralen in Dolomit (Stedingk et al., 2016).

Das Oberharzer Ganggebiet

Neben der Rammelsberger Erzlagerstätte waren die Erzgänge des Oberharzes die wirtschaftlich bedeutendsten Blei-, Silber- und Zinkvorkommen des Harzes. Abgebaut wurde um die Bergstädte Bad Grund, Clausthal-Zellerfeld, Lautenthal, Wildemann, Bockswiese und Hahnenklee. Bis zur Schließung des Erzbergwerks Bad Grund, der bedeutendsten Gangerzlagerstätte im Oberharz, im Jahre 1992, wurden nach Stedingk (2012) insgesamt 37,8 Millionen Tonnen Erz gefördert, darunter 5,1 % Blei, 3,9 % Zink und mehr als 5000

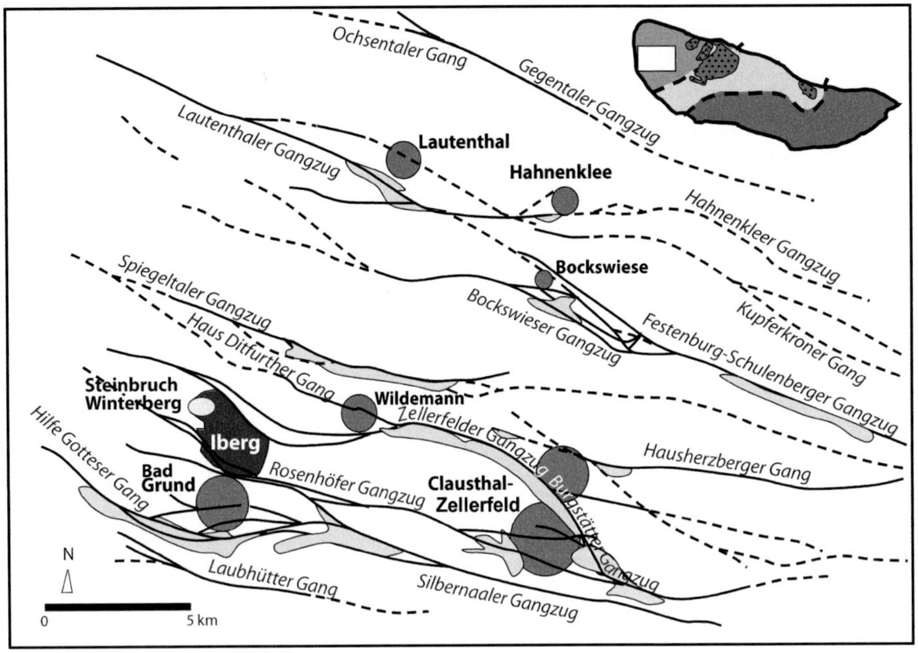

Karte des Oberharzer Ganggebietes, die vererzten Bereiche sind grau ausgefüllt, eingezeichnet ist auch das Gebiet der Steinbrüche Iberg und Winterberg bei Bad Grund. Typisch für die Oberharzer Gänge ist das NW-SO gerichtete Streichen und das Einfallen nach S bis SW. Viele Gangzüge sind bis zu 20 Kilometer lang (verändert nach Sperling und Stoppel, 1981 und Stedingk 2012).

Tonnen Silber. Die bereits auf den Seiten 13 bis 14 beschriebenen Vererzungsphasen bildeten große Lagerstättenreviere aus.

Clausthal-Zellerfeld, Wildemann und Lautenthal

Mit dem Erlass der Bergfreiheiten nach sächsischem Vorbild in den Jahren 1532 bis 1556, erteilt durch Herzog Heinrich dem Jüngeren von Braunschweig-Wolfenbüttel und seine Nachfolger, begann offiziell die Bergbaugeschichte in Zellerfeld, Wildemann und Clausthal. Die Bergfreiheit beinhaltete Rechte wie Steuerfreiheit, Freiheit von Hand- und Spanndiensten, freie Wohnung, freies Backen und vieles mehr. Diese besonderen Bürgerrechte lockten zahlreiche Bergleute vor allem aus Sachsen in den Oberharz, wo sich bis heute ein erzgebirgischer Dialekt erhalten hat (Radday, 2002).

Die wirtschaftlich bedeutendsten Erzmittel des Reviers wurden auf dem Zellerfelder Hauptzug sowie dem Burgstätter und dem Rosenhöfer Gangzug abgebaut. Noch heute erinnern zahlreiche Gebäude und Schachtanlagen wie zum Beispiel der Kaiser-Wilhelm-II-Schacht an die bis ins 20. Jahrhundert andauernde Bergbaugeschichte.

Der 1876 erbaute Ottiliae-Schacht liegt westlich von Clausthal-Zellerfeld und diente als zentraler Hauptförderschacht für die Erze des Rosenhöfer, Burgstätter und Zellerfelder Gangzugs. Er gilt als Teil der Grube Rosenhof. Benannt ist der Schacht nach dem preußischen Berghauptmann Ernst Hermann Ottiliae (1821–1904). Nachdem der Bergbau hier aus wirtschaftlichen Gründen um 1930 zum Erliegen gekommen war, wurde das Schachtgefälle noch bis 1980 zur Stromerzeugung genutzt. Heute gehört der Ottiliae-Schacht zum UNESCO-Welterbe, hier können interessierte Besucher Führungen buchen.

Wildemann ist die kleinste der sieben Bergstädte im Oberharz. Der Bergbau auf Silber und Blei erfolgte auf der nördlichen Verlängerung des Zellerfelder Gangzuges und des benachbarten Spiegeltaler Ganges. In Wildemann wurden die ersten bedeutenden Oberharzer Wasserlösungsstollen gebaut, der 13- und 19-Lachter Stollen. Diese dienten dazu, das Wasser aus den höher gelegenen Gruben des Clausthal-Zellerfelder Reviers abzuleiten. Mitte des 19. Jahrhunderts wurde vom 19-Lachter Stollen aus ein Blindschacht abgeteuft, um die tieferen Teile der Lagerstätte zu untersuchen. Der Blindschacht diente später als Lichtloch beim Bau des Ernst-August-Stollens, der 1864 vollendet wurde. Ein 1100 Meter langer Querschlag stieß bis auf den dort erzführenden Spiegeltaler Gangzug vor. Der Bergbau in Wildemann endete 1924. Das Lautenthaler Revier gehörte mit einer Förderung von insgesamt 4,2 Millionen Tonnen Roherz zu den wirtschaftlich bedeutendsten Erzgängen des Oberharzes (Stedingk, 2012; Stedingk et al. 2016).

Die bergbaulichen Aktivitäten auf dem Lautenthaler Gangzug endeten 1957 nach erfolglosen Untersuchungsarbeiten im westlichen und südlichen Teil des Lautenthaler Reviers auf dem Niveau des Tiefen Georg-Stollens. Der Bergbau auf den wirtschaftlich weniger bedeutenden Erzvorkommen des nördlich gelegenen Gegental-Ochsentaler Gangzugs kam bereits 1925 zum Erliegen.

Hahnenklee-Bockswiese und Oberschulenberg

Nördlich von Clausthal-Zellerfeld verläuft eine 12 Kilometer lange Gangstörung, der Bockswieser Gangzug. Der Hauptgang spaltet sich südwestlich von Bockswiese in mehrere Nebengänge auf, die sich anschließend wieder zu einem einzelnen Hauptgang, dem Festenburg-Schulenberger Gangzug vereinigen. Bauwürdige Erzmittel fanden sich in der Auffiederungszone des Ganges im Raum Bockswiese und bei Schulenberg. Der auf dem Bockswieser Gangzug abgebaute Galenit wies gegenüber anderen Vorkommen des Oberharzes höhere Silbergehalte auf. Der Erzabbau begann bereits im 16. Jahrhundert und endete 1932. Wichtige Gruben waren Herzog Anton Ulrich, Herzog August und Johann Friedrich, Glücksrad, Gelbe Lilie, Schulenbergsglück sowie Juliane Sophie. Der Hahnenkleer Gangzug verläuft nördlich des Bockswieser Gangzuges und wurde durch den Augusta Stollen und den Lautenthaler Hoffnungsstollen angefahren. Der Bergbau auf dem Hahnenkleer Gangzug endete bereits im Jahr 1828. Die Azurit- und Malachitstufen in Vitrine 52 kommen aus der Grube Glücksrad.

Erzbergwerk Bad Grund

Mit der Zusammenlegung der Gruben Bergwerkswohlfahrt und Hilfe Gottes entstand 1923 das Erzbergwerk Grund. Es war das jüngste und damit auch modernste Erzbergwerk im Oberharz. Der Bergbau um die Siedlung Grund reicht bis in das 14. Jahrhundert zurück, bereits 1524 verlieh Herzog Heinrich der Jüngere von Braunschweig-Wolfenbüttel Grund und anderen Harzer Bergorten die Bergfreiheit. Erstmals erwähnt wurde die Grube „Hilff Gots im Grundt" im Jahr 1564 (www.bad-grund-harz.de). In den 1980er und 90er Jahren kam es immer wieder zu einem Verfall der Rohstoffpreise, deshalb musste auch das letzte Erzbergwerk des Harzes, die Grube Hilfe Gottes am 28. März 1992 geschlossen werden. Die Gesamtmenge an gefördertem Roherz betrug nach Stedingk (2012) 19,1 Millionen Tonnen mit Metallgehalten von 5,8 % Blei, 3,9 % Zink und 0,01 % Silber. Der Abbau der Erze erfolgte auf den Rosenhöfer-, Silbernaaler-, Laubhütter- und Hilfe Gotteser Gangzügen in bis zu 900 Metern Tiefe. Nach dem 2. Weltkrieg sicherte die Entdeckung der qualitativ besten und reichsten Erzkonzentration dieser Lagerstätte, das Westfelderzmittel-II, das Weiterbestehen der Grube bis in das Jahr 1992 (Stedingk, 2012).

Kalksteinbruch Winterberg und Eisenerzbergbau am Iberg

Nördlich der Bergstadt Bad Grund (Karte auf Seite 22) liegt das Iberger Riffkalk-Massiv, das zur Zeit des Mittel- bis Oberdevons entstanden ist, als der Ablagerungsraum in südlicheren Breiten lag. Ursprünglich war das Iberger Riff ein ringförmiges Atoll. Im Oberdevon endete jedoch das Riffwachstum und es kam zu einem weltweiten Massensterben, welches nach der erstmaligen Entdeckung im Kellwassertal bei Altenau auch als Kellwasserereignis bezeichnet wird. Heute werden mehrere hundert Meter mächtige Kalksteinkomplexe in zwei Steinbrüchen gewonnen. Im westlichen Steinbruch Winterberg wird seit der Erschließung im Jahr 1938 hochreiner Kalkstein abgebaut, anfangs als Zuschlagsstoff für die Verhüttung von Eisenerzen aus dem Raum Salzgitter. Heute stellt man hauptsächlich Branntkalk und Kalkhydrat als Zuschlag für Mörtel und Zement daraus her. Weitere Verwendung findet er bei der Herstellung von Baustoffen, im Hüttenwesen und in der chemischen Industrie, zum Beispiel zur Aufbereitung von Trinkwasser oder als Düngemittel. Seit 2005 wird auf einer südlich angrenzenden Erweiterungsfläche der Steinbruch Iberg abgebaut. Betreiber beider Steinbrüche ist die Fels-Werke GmbH mit Sitz in Goslar.

Der Steinbruch Winterberg ist eine Fundstätte für Calcitkristalle, die durch Umlagerung und Rekristallisation von Karbonat aus dem Riffkalk in Karsthohlräumen gewachsen sind. Im Bereich von Gangstörungen treten auch Baryt, Eisenerze und untergeordnet Sulfide auf. Schöne Exemplare dieser Mineralbildungen sind in Vitrine 53 ausgestellt.

Wie bereits in vorangegangenen Kapiteln beschrieben, stehen die Erzbildung und Rekristallisation im Oberharzer Ganggebiet vor allem mit dem Zerbrechen des Großkontinents Pangäa im Mesozoikum in Zusammenhang. Das Gebiet am Iberg nimmt dabei eine Sonderstellung ein. Die frühe Verkarstung des Riffkalkes führte zur Ausbildung von Spalten und anderen Hohlräumen, die anfangs mit Sediment gefüllt wurden. Während der Entstehung der Oberharzer Erzgänge drangen eisen- und bariumhaltige hydrothermale Lösungen über Störungen in diese Kalke ein und bildeten durch Verdrängungsreaktionen zunächst die nest- und stockartigen Sideritvorkommen (Eisenkarbonat), die sich nachträglich teilweise zu Eisenoxiden und Hydroxiden umwandelten. Zur Gangmitte hin wurde Baryt ausgefällt, zum Teil zusammen mit Kupfererzen. In Vitrine 53 sind zahlreiche sehr schöne Barytstufen ausgestellt.

Der Eisenerzbergbau am Iberg reicht bis in das 14. Jahrhundert zurück, während seiner Blütezeit im 16./17. Jahrhundert hatte er in der Region größere Bedeutung als der Erzbergbau auf Blei und Silber. Die geförderten Eisenerze waren Siderit und dessen Verwitterungsprodukt Limonit. Im Südosten des Ibergs befanden sich die wichtigsten Erzvorkommen, das größte wurde in der Grube Schüffelberg abgebaut. Im Jahre 1885 endete der Bergbau auf Eisenerze am Iberg. Heute noch zeugen zahlreiche Pingen von dem Jahrhunderte andauernden Bergbau.

Blick in das Westfelderzmittel-II der Grube Hilfe Gottes im Erzbergwerk Grund. Hier wurde das reichste Erzvorkommen der Lagerstätte bis 1992 abgebaut. Die Grubenwand zeigt die Brekzierung und Verdrängung einer Pyrit-Chalkopyrit Mineralisation (links neben dem Bergmann) durch ein sogenanntes Ringelerz. Foto: KS, aus Stedingk (2012), mit freundlicher Genehmigung. Ringelerze und andere Gangerze aus dieser Lagerstätte kann man in Vitrine 54 bewundern.

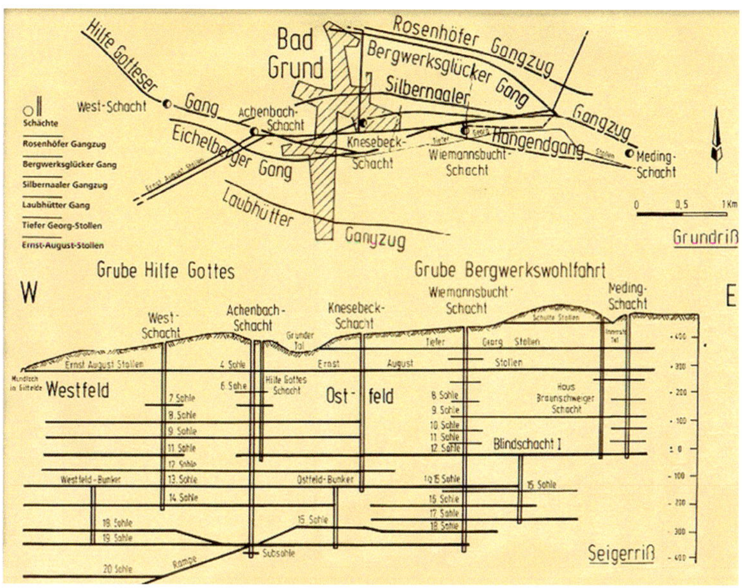

Historischer Seigerriß aus dem Erzbergwerk Grund (www.bad-grund.de).

Blick in den 13 Kilometer langen Sieberstollen, gebaut wurde dieser Wasserlösungsstollen von 1716 bis 1755. Er diente als tiefster Stollen des St. Andreasberger Grubengeländes zur natürlichen Entwässerung (Ließmann und Geils, 2009). Foto: VL

Bergbaureviere des Mittelharzes

Die Erzgänge im Mittelharz unterscheiden sich deutlich von denen im Oberharz. Sie sind zwar ärmer an Metallen, dafür aber reich an schönen und seltenen Mineralen. St. Andreasberg ist wegen seiner gut auskristallisierten seltenen Silberminerale berühmt geworden. Die sonst derbe Gangart Calcit zeigt hier in der sogenannten „Edlen Kalkspatformation" eine außergewöhnliche Formenvielfalt. Im Raum Bad Lauterberg gab es bedeutende Barytvorkommen. Neben dem Barytbergbau hat man im Mittelharz bereits frühzeitig gangförmige Kupfer- und Eisenerzvorkommen abgebaut. Bergbauliche Versuche zur Flußspatgewinnung blieben ohne nennenswerte Erfolge. Die Gruben im Roteisensteinrevier Elbingerode förderten Eisenerze, Mineralsammler fanden dort schöne Calcit-Stufen.

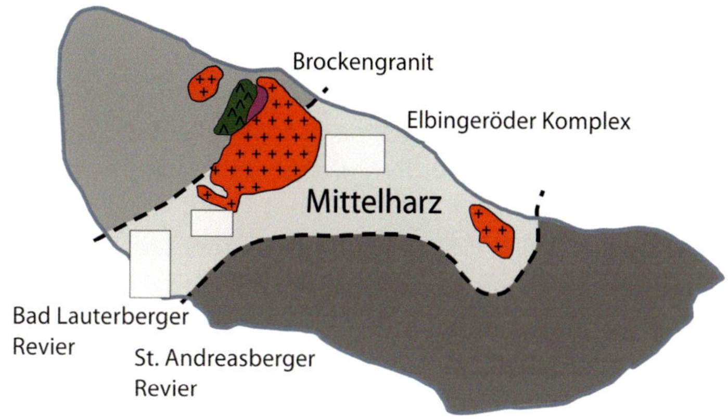

Die Bergbaureviere des Mittelharzes. Grafik: VL und DK

St. Andreasberger Revier

Steile Straßen führen hinauf in die Oberstadt der am höchsten gelegenen Bergstadt im Harz. Bereits 1487 hat man laut einer Urkunde am „sanct andrews berge" nach Erzen geschürft. Die Entdeckung der ersten Silbererze führte schließlich dazu, dass die Hohnsteiner Grafen 1521 die

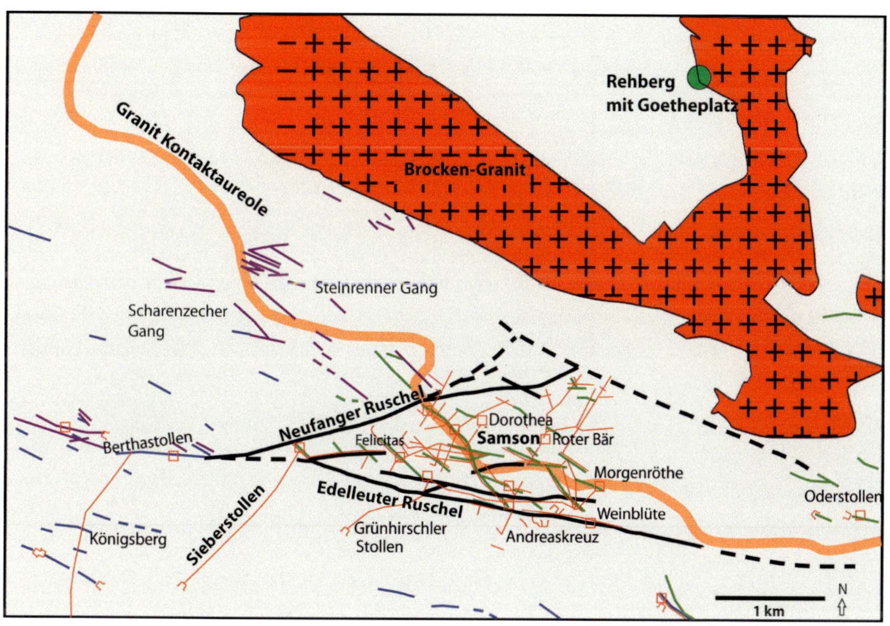

Das St. Andreasberger Gangdreieck, eingezeichnet sind die Grube Samson, die Gangstörungen, entlang derer das Erz abgebaut wurde und die erzarmen „Ruscheln". Grafik: VL und DK (nach Stoppel et al., 1983)

Der Aufschluss am Rehberger Graben ist nach dem Dichter Johann Wolfgang von Goethe benannt, der ihn 1783 besuchte. Goethe betrachtete den Granit als Urgestein und damit Unterlage aller geologischer Bildungen. Seine Überlegungen hat er in der Schrift „Über den Granit" niedergeschrieben.

Lila: Eisenerzgänge, grün: Sulfiderzgänge, blau: Barytgänge, orange: Stollen und Schächte

Bergfreiheit (Seite 22) für dieses Gebiet ausriefen. Bergleute aus Böhmen und anderen Teilen des Erzgebirges wanderten in den Harz ein. 1527 folgte eine zweite Bergfreiheit mit noch mehr Vergünstigungen. So entstand im Laufe der Zeit eine Siedlung, die man St. Andreasberg nannte, nach dem Schutzpatron der Kupferschieferbergleute (Wilke, 1989). Über vier Jahrhunderte bestimmte der Bergbau das Leben in diesem Revier, mehr als 300 Gruben wurden angelegt, bis am 31. März 1910 der Abbau in der Grube Samson als letzte Erzgrube wegen zu geringer Förderung eingestellt wurde. Bis dahin konnten 12.500 Tonnen Blei, 2500 Tonnen Kupfer und ca. 350 Tonnen Silber produziert werden (Wilke, 1989). Das aus den Erzen gewonnene Silber wurde zur Herstellung der berühmten Münzen, dem sogenannten Andreastaler, verwendet.

Der Erzabbau erfolgte auf Gangstörungen innerhalb des „St. Andreasberger Gangdreiecks", das von sogenannten „Ruscheln" begrenzt wird. Ruscheln sind Störungszonen, die meist nicht oder nur gering vererzt sind. Zum Zeitpunkt der Schließung war die Grube Samson mit 42 Strecken und einer Tiefe von 810 m eines der tiefsten Bergwerke der Welt. Heute ist diese Grube ein Bergwerksmuseum und zählt zu den Sehenswürdigkeiten von St. Andreasberg. Zahlreiche Exponate in Vitrine 55 stammen aus dieser Grube.

Der etwa 13 km lange Sieberstollen war neben dem Grünhirschler Stollen einer der wichtigen Wasserlösungsstollen für das St. Andreasberger Revier, er wurde von 1716 bis 1734 aufgefahren. Sein Mundloch liegt nahe der Revierförsterei Königshof im Siebertal. Der Sieberstollen liegt 193 m unterhalb des zum Samsonschacht gehörenden Grubengebäudes und ist heute die tiefste noch befahrbare Strecke des St. Andreasberger Reviers. Alle tiefer gelegenen Strecken sind abgesoffen. Davor dienten die Wasserlösungsstollen der Entwässerung der Gruben. Anfang des 20. Jahrhunderts hat man in der Grube Samson Kavernenkraftwerke zur Stromerzeugung aus der Wasserkraft des Oderteichs gebaut. Die beiden Stollen leiten das Wasser in die Flüsse Sperrlutter bzw. Sieber (Ließmann, 2010).

Südwestharzer und Bad Lauterberger Revier

Im Südwesten des St. Andreasberger Reviers, in den Bergen des Siebertales, gibt es neben Eisen- und Kupfererzgängen auch Baryt, dem zunächst als taube Gangart keine Beachtung geschenkt

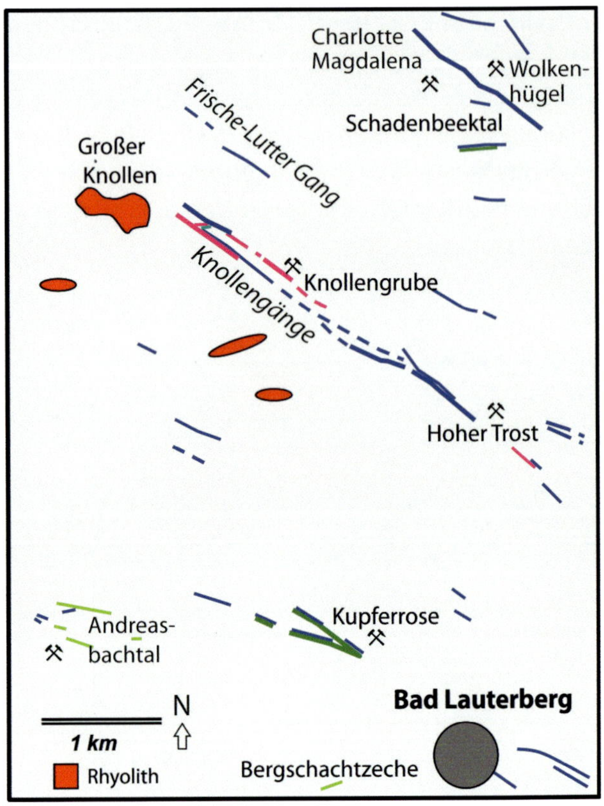

Darstellung der erzführenden Gänge im Südwest Harzer und Bad Lauterberger Gangrevier. Grafik: VL

Dunkelgrün: Sulfiderzgänge, pink: Eisenerzgänge, blau: Barytgänge, hellgrün: Fluoritgänge

Rote Wand aus Eisenerzen im Bergwerk Büchenberg bei Elbingerode.
Die Breite der Bildkante entspricht etwa 1 Meter. Foto: DK

wurde. Erst um 1900 weckten die reichen Spatvorkommen das Interesse der Deutschen Baryt-Industrie. Vor allem in der Königsgrube südlich des Königsberges wurde bis Ende der 1960er Jahre Baryt abgebaut. Dieser, wegen seiner hohen Dichte von 4,5 g/cm^3 auch als Schwerspat bezeichnet, ist chemisch Bariumsulfat, das heute ein wichtiges Industriemineral darstellt. Es findet vielseitige Verwendung zum Beispiel als Farbpigment, in der Papier- und Kunststoffindustrie oder zur Absorption von radioaktiven Strahlen im Reaktorbau.

Die auf den Gangstörungen im Südwestharz auftretenden Vererzungen unterscheiden sich in ihrer stofflichen Zusammensetzung von denen des Oberharzes, vor allem durch das Fehlen von Blei-, Zink- und Silbererzen. Lediglich auf dem Schadenbeekglücker-Gang in der Grube Charlotte Magdalena treten Blei-Zink-Mineralisationen auf, die nie gefördert wurden. Im Andreasbachtal wurden im Mittelalter kleine Bleiglanzvorkommen auf Flußspatgängen abgebaut. Der mittelalterliche Bergbau konzentrierte sich sonst vor allem auf Eisen- und Kupfererze. Eine wichtige Lagerstätte für die Eisenerzgewinnung war die Knollengrube im Nordwesten von Bad Lauterberg. Sie war berühmt für knollenförmig ausgebildeten Hämatit, der in Vitrine 56 ausgestellt ist. Die Blütezeit des Erzbergbaus im Südwestharz lag im 18. und 19. Jahrhundert und dauerte lokal bis in das frühe 20. Jahrhundert an. Eine zweite Blütezeit erlebte der Bergbau in dieser Region Mitte des 19. und 20. Jahrhunderts durch die zunehmende Nachfrage an Baryt. Die bedeutendsten Barytvorkommen lagen im Tal Krumme Lutter nördlich von Bad Lauterberg und wurden auf den Gruben Hoher Trost und Wolkenhügel abgebaut. Der Barytbergbau endete im Jahr 2007 mit der Schließung der Grube Wolkenhügel.

Elbingeröder Komplex

Schon auf der geologischen Übersichtskarte der Seite 9 weist diese Region eine besondere Struktur auf. Die Detailkarte auf dieser Seite zeigt einen Wechsel aus bis zu 1000 m mächtigen mitteldevonischen vulkanosedimentären Gesteinen, den sogenannten Schalsteinfolgen (Seite 10), 600 m mächtigen ebenfalls mitteldevonischen Riffkalken und jüngeren Sedimenten aus dem Unterkarbon. Zusammen bilden diese eine NO-SW streichende Sattel-Mulden-Struktur, die durch den Einengungsdruck während der variszischen Orogenese entstanden ist. Die vier ehemaligen Vulkane bilden den Büchenberg-, Braunesumpf-, Neuwerker- und Königshütter- oder Elbingerödersattel. Die Mulden dazwischen werden von jüngeren Ablagerungen, teilweise aus Riffkalk, Grauwacke oder Schiefer, gefüllt.

Die Bildung der Eisenerzlagerstätten im Elbingeröder Komplex hängt mit der vulkanischen Aktivität während des Mitteldevons zusammen. An den Flanken der submarinen Vulkane bildeten sich dabei durch submarin-exhalative Lösungszufuhr sulfidische, oxidische und karbonatische Eisenerze, die in über 1000-jähriger Bergbaugeschichte abgebaut wurden.

Große Lagerstätten waren die Bergwerke Büchenberg, Braunesumpf und die Grube Einheit. Mineralogisch bekannt ist der Elbingeröder Komplex in erster Linie durch seine Vielfalt an Calcitkristallen. Ähnlich wie am Iberg im Oberharz bildeten sich auch hier durch die Verkarstung Hohlräume und Klüfte innerhalb der Riffkalke und auch der Schalsteinfolge. Durch intensiven Bergbau in der Grube Einheit wurden immer wieder neue Hohlräume mit sogenannten „Schlottencalciten" angefahren, die unterschiedlichste Kristallformen aufweisen, wie es Vitrine 56 zeigt.

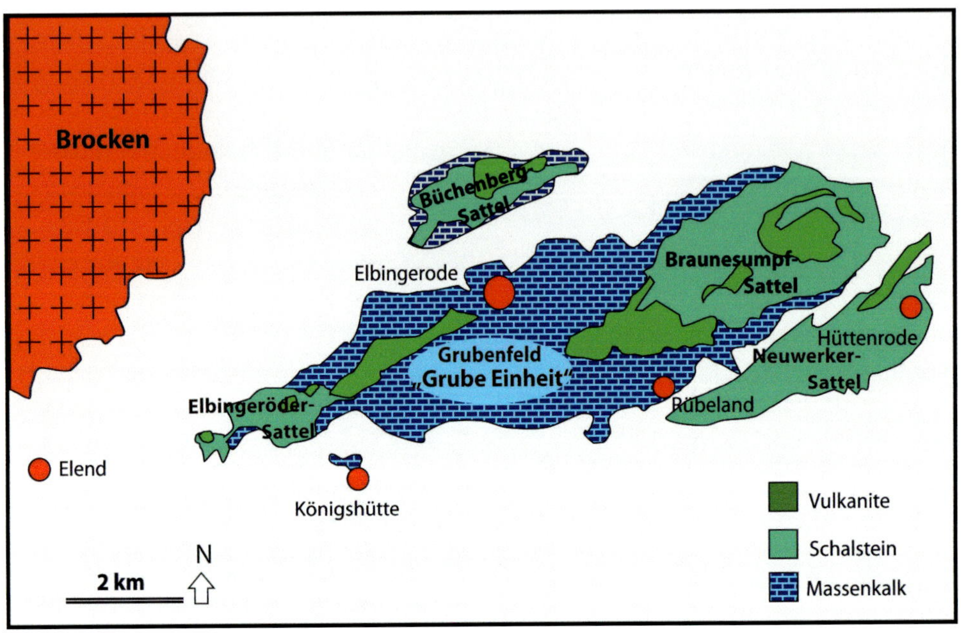

Darstellung des Elbingeröder Komplexes mit den von Nordost nach Südwest streichenden vulkanisch geprägten Sattelstrukturen und den massig ausgebildeten Riffkalken und Sedimentgesteinen in den Mulden. Die Eisenerzlager sind randlich an die Vulkanite gebunden. Grafik: VL und DK

Bergbaureviere des Unterharzes

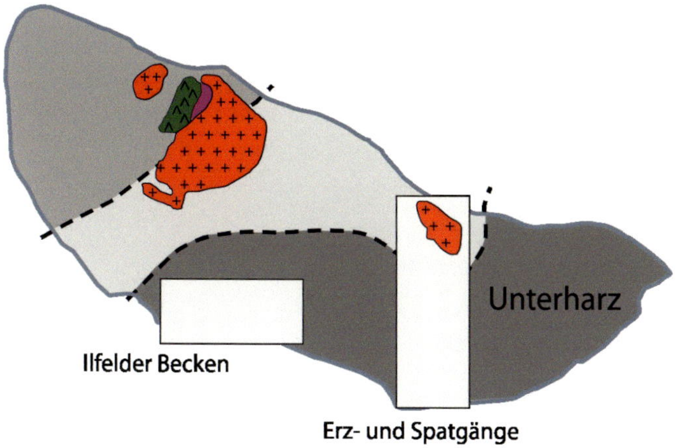

Die Bergbaureviere des Unterharzes. Grafik: VL und DK

Auch im Unterharz waren die Sulfiderz-führenden Gangmineralisationen wirtschaftlich unbedeutender im Vergleich zum Oberharz. Der Erzbergbau konzentrierte sich hauptsächlich auf die Region zwischen dem Südrand des Harzes und dem 582 m hohen Ramberggranit, dem sogenannten zentralen Unterharz. Zahlreiche WNW-OSO streichende Blei-, Zink-, Kupfer-, Silber- und Eisenerz-führende Gänge durchziehen dieses Gebiet. Im Unterschied zum Oberharz konnten hier auch große Mengen Fluorit und Baryt abgebaut werden. Bei Stedingk et al. (2016) findet man eine Einteilung des Gebietes in sechs Hauptreviere. Im Folgenden werden die für die Sammlung wichtigen Reviere besprochen.

Das Gebiet um Harzgerode

Im Mittelalter begann im Harzgeröder Revier der Bergbau auf silberhaltigen Galenit und endete im Jahr 1893. Die berühmteste Grube war die Fürstin Elisabeth Albertine, deren Schacht eine Teufe von fast 280 m erreichte. Die Verhüttung der Erze erfolgte im gleichnamigen Ort Silberhütte im Selketal.

Straßberg-Neudorfer und Biwender Gangzug

Südlich von Harzgerode liegen die Ortschaften Straßberg und Neudorf, nordwestlich Stiptenfelde. Der Straßberg-Neudorfer Gangzug und der nördlich verlaufende Biwender Gangzug bilden eine Grabenbruch-Struktur mit einer Gesamtlänge von etwa 15 Kilometern. Sowohl der westliche Teil des Straßberg-Neudorfer Gangzugs als auch der Biwender Gangzug wiesen abbauwürdige Fluoritmittel auf, die im 19. und 20. Jahrhundert Gegenstand intensiven Bergbaus waren. Die Erzförderung erfolgte über den Glasebach- und den Herzog-Schacht. Untergeordnet wurden im östlichen Teil der Lagerstätte Glasebach auch Siderit-Galenit-Bändererze angetroffen, die neben

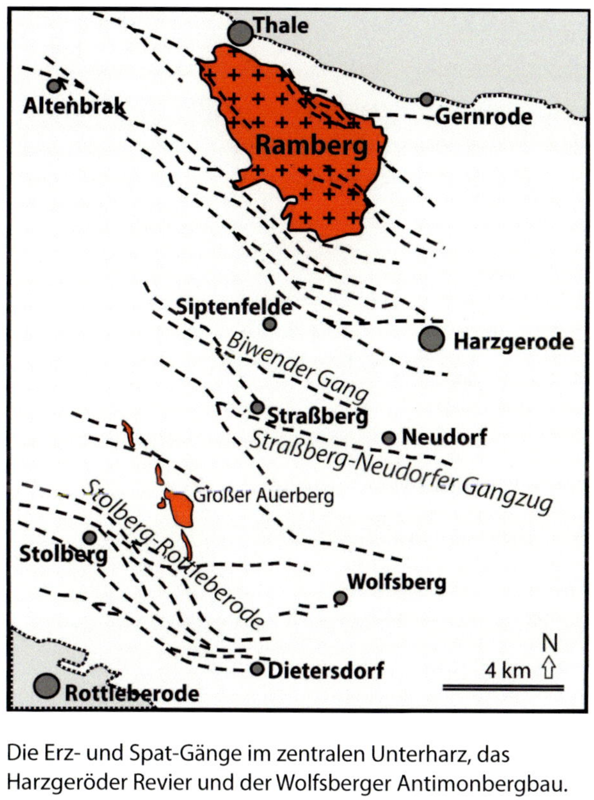

Die Erz- und Spat-Gänge im zentralen Unterharz, das Harzgeröder Revier und der Wolfsberger Antimonbergbau. Grafik: VL

Fluorit bereits seit dem Mittelalter Gegenstand des Silberbergbaus waren. Wesentlich bedeutendere Blei-Silber-Erzmittel fanden sich im Ostteil des Straßberg-Neudorfer Gangzugs, die im Raum Neudorf seit dem Hochmittelalter abgebaut wurden. Berühmte Gruben waren Maria Anna, Pfaffenberg, Meiseberg, Birnbaum und Glücksstern. Zu Beginn des 20. Jahrhunderts endete hier der Silberabbau.

Die Spatlagerstätten bei Stolberg und Rottleberode

Gegen Ende des 19. Jahrhunderts erlebte die Förderung von Fluorit und Baryt einen erheblichen Aufschwung. Fluorit wurde als Flußmittel in der Stahlindustrie benötigt und war auch in der Glas- und chemischen Industrie ein begehrter Rohstoff. Nach dem Ersten Weltkrieg gehörten die Fluoritgruben bei Rottleberode und Straßberg zu den größten der Welt. Gegen Ende des Zweiten Weltkrieges kam die Spatförderung im Unterharz zunächst zum Erliegen, konnte danach aber wieder aufgenommen werden. Bis zu Beginn der 1960er Jahre wurde neben Fluorit auf kleineren Vorkommen bei Stolberg auch Baryt abgebaut. Trotz intensiver Erkundungsarbeiten auf dem Flußschächter Gangzug bei Rottleberode, der bedeutendsten Fluoritlagerstätte des Unterharzes, und der Entdeckung von bis dahin unbekannten Flußspatkörpern (Südtrum) endete der Bergbau aus wirtschaftlichen Gründen im Jahr 1990.

Wolfsberger Antimonbergbau

Die ehemalige Graf Jost Christian Zeche bei Wolfsberg war die einzige bedeutende Antimonlagerstätte des Harzes. Die umliegenden Antimonerz-führenden Gänge bei Hayn und Dietersdorf waren nicht wirtschaftlich. Rund 275 Meter des durch den Bergbau erschlossenen Wolfsberger Ganges waren bauwürdig. Die 0,5 bis 10 Meter mächtige Gangstruktur sitzt unterdevonischen Tonsteinen und Grauwacke auf. Von 1741 bis 1861 erfolgte eine regelmäßige Förderung von Antimonerzen, die zumeist mit der Hauptgangart Quarz vergesellschaftet auftraten. Neben dem Hauptmineral Antimonit gab es auch andere Blei-Antimonspießglanze, von denen fünf an der Wolfsberger Lagerstätte erstmals entdeckt und beschrieben wurden: Wolfsbergit, Zinckenit, Plagionit, Heteromorphit und Chalkostibit. Eine schöne Zinckenit-Stufe wird in Vitrine 57 der Ausstellung gezeigt.

Ilfelder Becken

Am Südrand des Harzes zwischen Bad Sachsa in Niedersachsen und Neustadt in Thüringen liegt eine 25 Kilometer lange und 5 Kilometer breite Senke, das Ilfelder Becken. Wie im vorangegangenen Kapitel bereits beschrieben wird dieses von ungefalteten Sedimenten und von Vulkaniten des Rotliegend gebildet.

Die Umgebung von Ilfeld war das Zentrum für den Abbau von Manganerzen, die wegen ihrer Farbe und Derbheit bergmännisch den Sammelbegriff Braunstein erhalten haben. Neben oxidischen Mangan- und Eisenerzen führten die Gangmineralisationen der Vulkanite auch Baryt und Karbonate. Der Abbau von Manganerz im Gebiet zwischen Ilfeld und Sülzhayn begann im frühen 8. Jahrhundert zunächst in Raubbauform. Erst ab 1819 wurde die Mangangewinnung dem Bergamt unterstellt und durch Bergleute betrieben. Dieser Abbau endete bereits 1890 wieder, wurde aber in der Zeit von 1916 bis 1921 wegen Rohstoffmangels während des ersten Weltkrieges noch einmal aktiviert. Insgesamt konnten etwa 1600 t Manganerz gewonnen werden. Die abgebauten Erze waren die Manganoxide Pyrolusit und Hausmannit sowie das Manganhydroxid Manganit (Stedingk et al., 2016; Ließmann, 2010).

Gangarten sind hauptsächlich Calcit, Quarz und Baryt. Anhand der erhaltenen Pingen und Halden ist die Lage der vererzten Gänge noch heute nachzuvollziehen. Die horizontale Erstreckung der Gänge beläuft sich auf 10 bis 15 Meter, selten auf 60 Meter. Die durchschnittliche Gangmächtigkeit betrug 50 bis 60 Zentimeter. Mangan wurde schon früh zur Herstellung von Pigment gewonnen und ist bis heute ein wichtiger Stahlveredler.

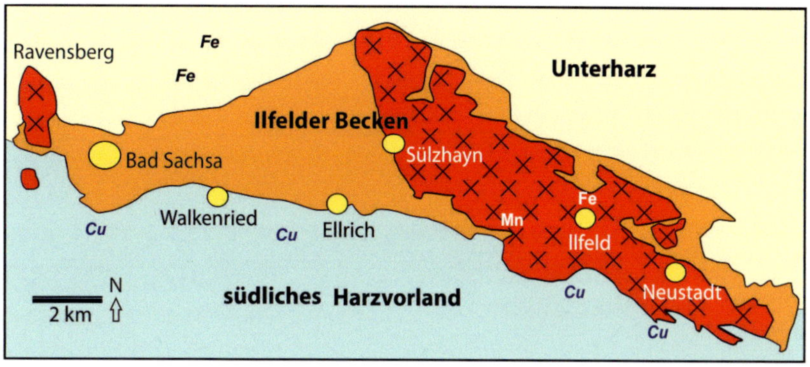

Das Ilfelder Becken mit den ungefalteten Sedimentiten (orange) und dem Vulkanit (rot) aus der Rotliegendzeit. Neben Eisenerzen (Fe) kommen im Ilfelder Revier auch gangförmige Manganvererzungen (Mn) vor. Im südlichen Harzvorland schließen sich der Kupferschiefer (Cu) und die Evaporite des Zechsteins an. Grafik: VL

Ravensberger Porphyr

Im westlichen Teil des Ilfelder Beckens bei Bad Sachsa ragt eine 659 m hohe Felsformation heraus, der Ravensberg. Es handelt sich dabei um den Rest eines längst erloschenen Vulkans aus der Rotliegendzeit. Das durch Eisenoxid rot gefärbte Vulkangestein ist Rhyolith, früher auch als Porphyr bezeichnet. Die sehr gasreichen Ergüsse der vulkanischen Tätigkeit hinterließen beim Erstarren große Gasblasen, die nachträglich durch zirkulierende Lösungen mineralisiert wurden. Dabei entstanden ovale bis sternförmige Achatfüllungen, die als sogenannte Lithophysen oder Kugelrhyolithe bei Sammlern sehr beliebt sind.

Der Mansfelder Kupferschiefer

Der Kupferschieferbergbau im Mansfelder Revier um die Städte Sangerhausen, Eisleben und Hettstedt prägte über 800 Jahre das Leben und die Landschaft am südöstlichen Harzrand. Die Vererzungen an der Basis des Zechsteinmeeres lieferten in dieser Zeit nach Spilker (2010) etwa 109 Millionen Tonnen Roherz, darunter 2,629 Millionen Tonnen Kupfer und 14.213 Tonnen Silber. Hierfür wurde Untertage ein Streckennetz von über 1000 km ausgebaut. Die Bergbaureviere Mansfeld und Sangerhausen (Reviere VIII und IX) gehörten damit zu den bedeutendsten Kupfer- und Silberlagerstätten Deutschlands. Auskunft über die Geologie und Montangeschichte dieses Gebietes gibt seit 1987 das Bergwerksmuseum Röhrigschacht in Wettelrode bei Sangerhausen.

Evaporite im südlichen Harzvorland

In den Steinbrüchen im südlichen Harzvorland werden noch heute die Evaporite des Zechsteinmeeres abgebaut. Verwendung finden die Karbonate und Sulfate vor allem in der Bauindustrie als Werkstein oder zur Zement- und Mörtelherstellung.

Rundgang durch die Ausstellung

Die Ausstellung zeigt die von Peter C. Ruppert gesammelten Großstufen in acht Vitrinen und auf 10 Podesten. Die Vitrinen sind durchnummeriert und nach der Großeinteilung des Harzes in Oberharz (Vitrinen 51 bis 54 und Podeste 1 bis 7), Mittelharz (Vitrinen 55 und 56 sowie Podest 10) und Unterharz (Vitrinen 57 bis 59 sowie Podeste 8 und 9) gegliedert. Die schönsten und wichtigsten Exponate der verschiedenen Bergbauregionen werden im Folgenden vorgestellt.

Podeste 1 und 2 – Das Erzbergwerk Rammelsberg bei Goslar

Gleich rechts nach dem Durchgang zur Ausstellung findet man auf zwei Podesten die beiden typischen Erze des Rammelsberges, das Reicherz und das Banderz.

Reicherz mit lagig schlierigem Gefüge aus dem Kupfereisensulfid Chalkopyrit, dem Eisensulfid Pyrit und dem grau glänzenden Bleisulfid Galenit enthält auch Gold und Silber. Erzbergwerk Rammelsberg; Podest 1, Größe 30 x 20 cm; Foto: CS

Fein gefälteltes Banderz, bestehend aus dunklen Tonschieferlagen, dem sogenannten Wissenbacher Schiefer, im Wechsel mit hellen Erzlagen aus Chalkopyrit und Pyrit. Wegen seines geringen Metallgehaltes wird es auch Armerz genannt. Erzbergwerk Rammelsberg; Podest 1, Größe 26 x 26 cm; Foto: CS

Vitrine 51 – Bad Harzburger Gabbro und Oberharzer Diabaszug

In den alten Steinbrüchen um Bad Harzburg werden Mineralsammler immer wieder fündig. Neben dem namengebenden Harzburgit zeigt Vitrine 51 auch den typischen Roteisenstein des Oberharzer Diabaszuges, sowie verschiedene Mineralfunde. Die Platte mit Pyrit und Quarz auf Norit hat der Sammler Peter C. Ruppert im Jahr 1982 selbst aus dem Steinbruch geborgen.

Aus dem Diabas-Steinbruch am Heimberg kommt die in der oberen Reihe von Vitrine 51 stehende Stufe mit kleinen Sphalerit- und Quarz-Kristallen.

Die im südwestlich von Bad Harzburg gelegenen Steinbruch Huneberg gefundenen Minerale stammen hauptsächlich aus Klüften und hydrothermalen Gängen. Ein dort häufig vorkommendes Kluftmineral ist der auf dieser Seite abgebildete Prehnit.

Kugelig ausgebildete Prehnitkristalle als Kluftfüllung in Hornfels. Diabassteinbruch Huneberg; Größe 11 x 10,5 cm; Foto: CS

Bergkristalle aus einer Kluft im Kahlebergsandstein. Oker-Grane-Stollen, Gosetal; Größe 5 x 18 x 12,5 cm; Foto: CS

Oben: Grüner Epidot als Kristallrasen auf Quarzkristallen, dieses Exponat stammt aus einem 1980 entdeckten Vorkommen von zerklüftetem Quarz in Gabbro. Gabbrosteinbruch, 5. Sohle, Bad Harzburg; Größe 30 x 19 cm; Foto: DK

Unten: Messingfarben glänzender Chalkopyrit und grüne Epidotkristalle auf Serpentinit. Diabassteinbruch Huneberg; Ausschnitt, Größe des Originals 30 x 18 cm; Foto: KH

Roteisenstein ist der häufigste Eisenerztyp in diesem Revier mit einem Eisenanteil von 30 bis 35 %. Ursache für die rote Farbe ist das Eisenoxid Hämatit, das Bindemittel ist dichter Quarz. Dieser Roteisenstein enthält auch etwas Kupfererz. Grube Weintraube, Lerbach; Größe 28 x 25 cm; Foto: DK

Vitrine 52 – Clausthal-Zellerfeld, Wildemann und Lautenthal

Das Bleisulfid Galenit ist das häufigste Erzmineral in den oberen Teufen des Oberharzer Ganggebietes. Wegen seines Silbergehaltes, der auf winzigen Einschlüssen des silberhaltigen Minerals Tetraedrit beruht, ist es auch eines der wertvollsten Minerale des historischen Bergbaues. Galenit kommt in Bändererzen oder als aufgewachsene Kristalle und Verkrustungen von Calcit- oder Quarzstufen vor.

Zu den eher selten vorkommenden Mineralen gehören die Phosphate, so hat man zum Beispiel in der Grube St. Ursula schöne Kristallrasen des grünen Bleiphosphats Pyromorphit gefunden. Ein Exemplar steht in Vitrine 52 und ist auf Seite 42 abgebildet.

Die Gruben Alter Segen und Zilla des Rosenhöfer Gangzuges brachten schöne Tetraedritkristalle hervor, vergesellschaftet mit Galenit und Siderit. Die Ausstellung zeigt jeweils einen Vertreter.

Tetraedrit ist ein Antimonfahlerz und der wichtigste Silberträger im Clausthal-Zellerfelder Revier mit durchschnittlichen Gehalten von 15 bis 20 % Silber (Stedingk et al., 2016).

Aus dem 13-Lachterstollen der Bergstadt Wildemann kommt die in der oberen Etage der Vitrine ausgestellte Stufe mit tafeligen Barytkristallen, glasklaren Quarzkristallen und Markasit.

Im Lautenthaler Revier trat im Gegensatz zu den übrigen Oberharzer Gängen das Zinksulfid Sphalerit neben Galenit schon in geringer Teufe in großen Mengen auf. Hauptgangart war Calcit, der in Gangmächtigkeiten bis zu 10 m auftrat (sogenannte „Spatfirste"). Die Ausstellung zeigt Sphalerit mit aufgewachsenen Quarzkristallen.

Folgende Seite:

Oben: Bändererz aus dem silbergrau glänzenden Bleisulfid Galenit, dem braunen Eisenkarbonat Siderit und der Gangart Calcit (Calciumkarbonat). Clausthal, Kaiser-Wilhelm-Schacht im Burgstädter Gangzug; Ausschnitt, Größe des Originals 34 x 21 cm; Foto: CS

Unten links: Kristalle aus Quarz und Calcit mit Krusten von Chalkopyrit. Clausthal, Kaiser-Wilhelm-Schacht; Größe 26 x 20 x 16 cm; Foto: CS

Unten rechts: Quarzkristalle als sogenannter Kappenquarz mit dem schwarz glänzenden Zinksulfid Sphalerit, Calcit und Chalkopyrit. Clausthal, Kaiser-Wilhelm-Schacht; Größe 20 x 25 cm; Foto: CS

Chalkopyrit-Kristalle auf weißem Calcit. Clausthal, Kaiser-Wilhelm-Schacht; Größe 29 x 18 cm; Foto: CS

Pyromorphitkristalle. Grube St. Ursula, Clausthal-Zellerfeld; Ausschnitt, Exponatgröße 14 x 14 cm; Foto: CS

Tetraedrische Kristalle des Antimonfahlerzes Tetraedrit und würfelförmige Galenitkristalle auf Siderit (braun). Clausthal, Grube Zilla; Größe des Exponats 18 x 15 cm; Foto: CS

Kristalle von Galenit und Tetraedrit verwachsen mit Dolomitkristallen (weiß) auf Siderit (braun). Clausthal, Grube Alter Segen; Größe 18 x 23 cm; Foto: CS

Grauwacke mit farbigen Überzügen aus grünem Malachit, gelbbraunem Limonit und rotbraunem Hämatit.
Grube Feuchter Anton, Wildemann;
Größe 35 x 24 cm; Foto: CS

Transparente Quarzkristalle aufgewachsen auf dem schwarz glänzenden Zinksulfid Sphalerit. Lautenthal, Grube Maaßen; Größe 14 x 18 cm; Foto: CS

Vitrine 52 – Hahnenklee-Bockswiese und Oberschulenberg

Die Erzgänge von Hahnenklee-Bockswiese brachten neben den Erzmineralen auch schöne Calcitkristalle hervor, wie die beiden Stufen von Calcit aus dem Auguster Stollen und Calcit- mit Quarz- und Chalkopyritkristallen aus dem Herzog-August Schacht zeigen. Die aus Primärerzen gebildeten Sekundärminerale haben vor allem die Zeche Glücksrad im Oberschulenberger Revier bekannt gemacht. Inzwischen kennt man über 100 Mineralarten aus diesem Revier (Stedingk et al., 2016). Hierzu gehören auch die hier abgebildeten Exponate von Azurit, Cerussit und Malachit.

Glasklare bis weniger transparente prismatische Kristalle des Bleikarbonats Cerussit aufgewachsen auf Krusten des blauen Kupferkarbonats Azurit. Zeche Glücksrad, Oberschulenberg; Ausschnitt, Größe des Exponats 22 x 15 cm; Foto: CS

Samtig grün glänzende Kristalle des Kupferkarbonats Malachit auf Gangquarz. Zeche Glücksrad, Oberschulenberg; Unten vergrößerter Ausschnitt, Größe des Exponats 25 x 19 cm; Foto: CS

Vitrine 53 – Kalksteinbruch Winterberg und Eisenerzbergbau am Iberg

Der Steinbruch Winterberg ist eine Fundstätte für Calcitkristalle, die durch Umlagerung und Rekristallisation von Karbonat aus dem Riffkalk in Drusen und Hohlräumen gewachsen sind. Diese Hohlräume und Spalten entstanden schon früh durch Verkarstung. Im Bereich von Gangstörungen treten auch Baryt, Eisenerze und untergeordnet Sulfide auf.

Aragonit, exzentrisch und stalagmitisch gewachsen. Steinbruch Winterberg am Iberg; Größe 37 x 20 cm; Foto: KH

Linke Seite:
Aragonit Stalagmiten in „Spaghetti"-Form. Steinbruch Winterberg am Iberg; Größe 28 x 12 cm; Foto: KH

Kalksinterbildungen aus dem Steinbruch Winterberg: oben links exzentrisch gebildet, Größe 35 x 26 cm; oben rechts in „Blumenkohl"-ähnlicher Form gewachsen, Größe 28 x 16 cm; unten beide Formen auf einer Stufe, Größe 33 x 18 cm; Fotos: KH

Barytkristalle. Steinbruch am Iberg;
Größe 23 x 14 cm; Foto: KH

Blauer Baryt. Steinbruch Winterberg;
Größe 36 x 28 cm; Foto: CS

Eine außergewöhnliche Stufe stellen diese glasklaren Calcitkristalle vom Steinbruch Winterberg dar. Das Foto zeigt einen Ausschnitt. Größe des Exponats 26 x 30 cm; Foto: KH

Barytrose mit Limonit. Steinbruch Winterberg am Iberg; Größe 18 x 17 cm; Foto: KH

Baryt mit Psilomelanüberzug in Limonit. Steinbruch Winterberg am Iberg; Größe 23 x 23 cm; Foto: KH

Baryt mit Kalksinterüberzug und Limonit. Steinbruch Winterberg am Iberg; Größe 23 x 18 cm; Foto: KH

Vitrine 54 – Erzbergwerk Bad Grund

Typisch für dieses Revier sind die auf Seite 14 beschriebenen Gangvererzungen, die aus den Gruben Hilfe Gottes im westlichen und Wiemannsbucht im östlichen Teil der Lagerstätte kommen. In den oberen Stockwerken konnten sich auch in Drusen und Klüften Kristalle ausbilden. Vor allem der Fundort Wiemannsbucht brachte schöne Galenitkristalle auf Quarz und Siderit oder mit Dolomit hervor.

Bändererz aus silbergrau glänzendem Galenit, bronzefarben glänzendem Chalkopyrit und Sphalerit in dunkelbraungrau, Gangart ist Calcit. Grube Hilfe Gottes, Bad Grund; Größe 16 x 19 x 8 cm; Foto: KH

Ringelerz aus Sphalerit und Quarz. Grube Hilfe Gottes, Bad Grund; Größe 22 x 12 cm; Foto: KH

Ringelerz aus silbergrau glänzendem Galenit, dunkelbraunem Sphalerit, bronzefarbenem Chalkopyrit und Gangart Calcit. Grube Hilfe Gottes, Bad Grund; Größe 19 x 14 x 8 cm; Foto: KH

Bändererz aus Sphalerit und Calcit mit jüngeren kleinräumigen tektonischen Verwerfungen. Grube Hilfe Gottes, Bad Grund; Größe 36 x 12 cm; Foto: KH

Kokardenerz mit grau glänzenden Galenitbändern um gelbbraunen Siderit, dazwischen rosa farbiger Baryt der jüngeren Vererzungshauptphase. Grube Hilfe Gottes, Bad Grund; Größe 28 x 18 cm; Foto: KH

Links oben: Galenitkristalle in Oktaedertracht und winzige Chalkopyritkristalle auf Dolomit. Wiemannsbucht, Bad Grund; Ausschnitt, Exponatgröße 17 x 15 cm; Foto: SF

Links mitte: Dolomitkristalle auf Galenit. Wiemannsbucht, Bad Grund; Größe 19 x 13 cm; Foto: KH

Links unten: Markasitkristalle. Grube Hilfe Gottes, Bad Grund; Größe 22 x 12 cm; Foto: KH

Rechts oben: Würfelförmiger Galenit, Quarz, Dolomit und Siderit. Wiemannsbucht, Bad Grund; Größe 16 x 12 cm

Rechts unten: Quarzkristalle auf Sphalerit. Grube Hilfe Gottes, Bad Grund; Größe 17 x 13 cm; beide Fotos: KH

Hämatitisiertes Nebengestein (rot) mit Quarz aus der Vorphase, sowie grauer Galenit und dunkelbrauner Sphalerit aus der Erzbildungshauptphase. Grube Hilfe Gottes, Bad Grund; Podest 5, Größe 56 x 31 cm; Foto: CS

Kokardenerz mit grau glänzenden Galenitbändern um Quarz und Grauwacke (braun). Grube Hilfe Gottes, Bad Grund; Ausschnitt, Exponatgröße 55 x 26 cm; Foto: KH

Dyskrasit, auch „Antimonsilber" genannt, war nach Grundmann und Schnorrer-Köhler (1989) in St. Andreasberg das bergbauwirtschaftlich wichtigste Silbermineral. Es bildete sich in der Mineralisationshauptphase, der sogenannten „Edlen Kalkspatformation" und gehört dort zu den ältesten Kristallisationsprodukten. Diese 3,7 Kilogramm schwere Stufe zeigt zylindrische längs gestreifte Kristalle, die zusammen mit gediegen Arsen auf Calcit gewachsen sind. Stufen dieser Art mit mehrere Zentimeter langen Kristallen zählen nach oben genannten Autoren zu den besten der Welt. Grube Samson; Größe 15 x 22 cm; Foto: CS

Vitrine 55 – St. Andreasberg

Weltbekannt wurde die Silbererzlagerstätte von St. Andreasberg durch die Vielfalt und den Reichtum an schönen und seltenen Mineralen. Unter Mineralsammlern wird sie auch das „Mineralogische Schatzkästlein“ genannt. Das Silber steckt nicht, wie im Oberharz, in Bleiglanz oder Tetraedrit, sondern kommt als „Reicherz“ vor. Darin finden sich meist schöne Kristalle von seltenen Silbermineralen aus der Klasse der Antimon-Sulfide und Sulfosalze. Sie bildeten sich zusammen mit Arseniden während der Mineralisationshauptphase, der sogenannten „Edlen Kalkspatformation“ (Schnorrer-Köhler, 1983).

Die Paragenese der „Edlen Kalkspatformation“ gibt es im Harz nur im St. Andreasberger Revier. Gediegen Arsen war häufiger Begleiter der Silberminerale und trat vor allem in seiner markanten schalenartigen Form auf, weswegen es auch „Scherbenkobalt“ genannt wird. In den aufgeplatzten Schalen bildeten sich die Silberminerale Argentopyrit und Pyrargyrit. Begleitminerale in den Gängen sind Quarz, Calcit, sowie nur hier vorkommend Stilbit, außerdem Harmotom oder Apophyllit.

Vor allem Calcit zeigt sich in sehr großen und formenreichen Kristallen. Bezeichnungen wie Blätterspat, Nadelspat, Kanonenspat, Würfelspat und viele andere wurden früher vergeben, um die äußere Form der Calcitkristalle zu beschreiben (Schnorrer-Köhler, 1983).

Typisches Reicherz der Grube Samson: In den Hohlräumen von schalenartig ausgebildetem gediegen Arsen, sogenanntem „Scherbenkobalt“, bildeten sich Kristalle des Silberminerals Pyrargyrit (Rotgültigerz). Daneben sind weiße Calcitkristalle, überkrustet von silbergrau glänzendem Löllingit erkennbar. Größe 18 x 14 cm; Foto: CS

Oben:
Vergrößerter Ausschnitt der Reicherzstufe

Eine Besonderheit stellen die dunkelgrauen Bournonitkristalle dar, die hier zusammen mit Quarzkristallen in einer Druse gewachsen sind, umgeben von Chalkopyrit, Galenit und Quarz. Sieberstollen im Abendröther Gang, St. Andreasberg; Ausschnitt, Größe des Exponats 12 x 14 cm; Foto: KH

Die wichtigsten Silberminerale der Lagerstätte auf einer Reicherzstufe: Kristalle von Argentopyrit, Pyrargyrit und Dyskrasit auf „Scherbenkobalt" (gediegen Arsen), verwachsen mit der Gangart Quarz. Grube Samson, St. Andreasberg; Größe 12 x 9 cm; Foto: KH

Oben:
Ein Farbklecks in der Vitrine ist das Tonmineral Nontronit. Grube Samson, St. Andreasberg; Größe 21 x 9 x 6 cm; Foto: KH

Links oben:
Schöne wasserklare, leicht rosarote Apophyllitkristalle als Prismen oder Dipyramiden mit kugeligen Nathrolith-Aggregaten auf Tonschiefer. St. Andreasberg; Größe 16 x 12 cm; Foto: KH

Rechts:
Magentafarbiger Erythrin (Kobaltblüte) auf Calcit. Kobaltort, Sieberstollen, St. Andreasberg; Größe 25 x 16 cm; Foto: CS

Calcit als Tafelspat ausgebildet. St. Andreasberg;
Größe 22 x 15 cm; Foto: KH

Calcit, rosafarben mit Spaltflächen. Grube Samson, St. Andreasberg;
Größe 20 x 18 x 11 cm; Foto: KH

Stilbitkristalle aufgewachsen auf blätterförmigem Calcit, der im Licht rosa erscheint. St. Andreasberg; Größe 24 x 16 cm; Foto: DK

Calcit als Blätterspat ausgebildet. Grube Samson, St. Andreasberg; Ausschnitt, Exponatgröße 32 x 18 cm; Foto: SF

Calcit als Blätterspat ausgebildet. St. Andreasberg;
Größe 34 x 36 x 19 cm; Foto: KH

Calcitkristalle in zwei Generationen gewachsen. St. Andreasberg; Größe 18 x 11 cm; Foto: KH

Linke Seite:
Oben: Calcitkristalle in zwei Generationen gewachsen: Kanonenspat auf zerhacktem Quarz überwachsen von Würfelspat. St. Andreasberg; Größe 15 x 13 x 10 cm; Foto: KH

Unten: Rosa Fluoritkristalle auf Calcit. St. Andreasberg; Größe 19 x 15 x 10 cm; Foto: CS

Calcit als Nadelspat ausgebildet. Grube Samson, St. Andreasberg;
Größe 15 x 15 x 12 cm; Foto: KH

Calcit als Kanonenspat ausgebildet, diese Stufe begeistert den Sammler Peter C. Ruppert wegen der geometrischen Anordnung der Kristalle ganz besonders. St. Andreasberg; Größe 18 x 14 cm; Foto: CS

Vitrine 56 – Bad Lauterberg

Der Wolkenhügeler Gangzug war eine der wichtigsten mitteleuropäischen Barytlagerstätten. Nach 169 Jahren Bergbau musste am 11. Juni 2007 die Förderung im letzten Harzer Bergwerk, der Grube Wolkenhügel, eingestellt werden. Der Baryt wurde vor allem für die Farben- und Lackindustrie verwendet.

Ein schönes Exemplar von „Braunem Glaskopf", gebildet von dem Eisenhydroxid Goethit, auf Baryt gewachsen. Grube Wolkenhügel; Größe 19 x 12 cm; Foto: KH

Grube Wolkenhügel:

Rosa Calcit auf Grauwacke. Ausschnitt, Exponatgröße 30 x 17 cm; Foto: KH

Dentritisch gewachsener Belag von Fahlerz auf Baryt. Größe 18 x 14 cm; Foto: CS

Tafelförmige Barytkristalle. Größe 19 x 18,5 x 14 cm (oben) und Größe 20 x 13 cm (unten); Fotos: CS

Rote Kristalle von Eisenkiesel in Drusen. Grube Charlotte Magdalena, Bad Lauterberg; Ausschnitt, Exponatgröße 20 x 16 cm; Foto: KH

Blaue Fluoritlinse in Karbonatgang. Grube Floßberg, Andreasbachtal, Bad Lauterberg; Ausschnitt, Exponatgröße 22 x 18 cm; Foto: DK

Knollengrube, Bad Lauterberg:

Die Eisenerze in den Gängen der ehemaligen Knollengrube, östlich des großen Knollens nahe Bad Lauterberg, waren vor allem Hämatit als Roteisenstein und Roter Glaskopf. Noch heute findet man schöne Belegstücke von Rotem Glaskopf in der ehemaligen Knollengrube. Das bis 1925 abgebaute Eisenerz diente vor allem zur Herstellung von Farben.

Hämatit als „Roter Glaskopf", oben mit positivem und unten mit negativem Relief.
Oben: Größe 45 x 27 cm
Unten: Größe 27 x 22 cm; Fotos: CS

Begleitminerale in den Eisenerzgängen der ehemaligen Knollengrube waren Baryt, Quarz und Fluorit. Die Grube brachte sehr schöne Stufen hervor, wie die hier abgebildete aus würfelförmigen Fluoritkristallen auf tafeligem Baryt mit Limonit, der sich pseudomorph nach Siderit gebildet hat. Größe 21 x 15 cm; Foto: KH

Vitrine 56 – Elbingerode

Roteisenerz mit polierter Oberfläche, ein typisches Abbauerz der Grube Büchenberg, deren Schacht 1 seit 1989 als Schaubergwerk öffentlich zugänglich ist. Ausschnitt, Exponatgröße 30 x 20 cm; Foto: KH

Pyritkristalle auf tafelförmigen Calcitkristallen aus einer Kluft im Erzkörper. Grube Braunesumpf; Größe 16 x 10 cm; Foto: CS

Durch Verkarstung sind in den devonischen Riffkalken Hohlräume, sogenannte „Schlotten", entstanden. In diesen wuchsen, vor allem in der Grube Einheit, sehr schöne und formenreiche Calcitkristalle, wie es die Fotos auf dieser Seite zeigen (Stedingk et al. 2016):

Calcitkristalle, in zwei Generationen gewachsen, zuletzt als Rhomboeder. Größe 25 x 22 cm; Foto: KH

Die in trigonaler Symmetrie gewachsenen Rhomboederflächen der Calcitkristalle ähneln einem Mercedesstern. Ausschnitt, Exponatgröße 20 x 18 cm; Foto: CS

Igelartig gewachsene Calcitkristalle, deren Skalenoederflächen spitz zulaufen. Auf den Flächen haftet ein fester Belag, der nicht entfernt werden konnte. An den Spitzen und am Rand der Stufe erkennt man die klaren durchscheinenden Kristalle. Größe 15 x 21 cm; Foto: SF

Vitrine 57 – Grube Albertine bei Harzgerode

Braune rhomboedrische Sideritkristalle auf transparenten Quarzkristallen. Größe 25 x 19 cm; Foto: CS

Dunkelbraune Sphaleritkristalle auf hellbraunen tafelig ausgebildeten Sideritkristallen. Größe 14 x 12 cm; Foto: KH

Vitrine 57 – Straßberg-Neudorfer Gangzug

Bändererz aus braunem Siderit, silbergrauem Galenit, transparentem Fluorit und dunkelgrauem Wolframit. Straßberg, Grube Glasebach, 6. Sohle Ost; Ausschnitt, Exponatgröße 32 x 27 cm; Foto: KH

Oben: Transparente Quarzkristalle verwachsen mit braunen Sideritkristallen. Straßberg, Grube Glasebach, 9. Sohle Ost; Größe 15 x 10 cm; Foto: KH

Unten: Braune Sideritkristalle, dunkelbrauner Sphalerit und schwarzer Bournonit auf transparentem Quarz. Neudorf; Größe 18 x 13 cm; Foto: KH

Pyrit in der Varietät „Federpyrit" in Quarz.
Grube Pfaffenberg, Neudorf;
Größe 14,5 x 12 cm; Foto: KH

Rechte Seite:
Oben: Silbergrau glänzende Galenitkristalle in der Form eines Dodekaeders, schwarzbrauner Sphalerit, gelbbrauner Siderit und transparenter Quarz. Neudorf; Ausschnitt, Exponatgröße 30 x 25 cm; Foto: KH

Unten: Kristalle von silbergrau glänzendem Galenit, braunem Siderit und weißem Quarz. Diese Stufe wurde am 22.12.1811 in der Grube Pfaffenberg, Neudorf gefunden. Größe 17 x 13 cm, Foto: CS

Vitrine 57 – Spatlagerstätten bei Stolberg und Rottleberode

Neben den hier abgebildeten Stufen aus Rottleberode stehen in Vitrine 57 in der oberen Reihe zwei Stufen aus der Grube Luise im Krummschlachttal bei Stolberg, eine aus Calcitkristallen, die andere mit würfelförmigen Fluoritkristallen.

Würfelförmige Fluoritkristalle in grün und rosa mit aufgewachsenen Chalkopyritkrusten (mit dunklen Anlauffarben). Flußspatlagerstätte Rottleberode; Größe 36 x 40 cm; Foto: KH

Würfelförmige Fluoritkristalle mit kleinen messingfarbenen Chalkopyritkrusten zwischen den Würfelflächen, die Ursache für die Konzentration der roten Farbpigmente auf den Flächen könnten, laut Vollstädt (1991), eingelagerte Hämatitschüppchen sein. Flußspatlagerstätte Rottleberode; Größe 23 x 22 cm; Foto: KH

Kugelig ausgebildete Barytaggregate auf Fluorit. Grube Flußschacht; Ausschnitt, Exponatgröße 36 x 21 x 24 cm; Foto: KH

Linke Seite:
Oben: Rosa-farbige Fluoritkristalle. Querschlag der 10. Sohle im Backöfener Gangzug; Größe 43 x 31 cm; Foto: KH

Unten: Klare, teilweise gelbe Fluoritkristalle mit Krusten von Chalkopyrit. 10. Sohle des Backöfener Gangzuges; Ausschnitt, Exponatgröße 45 x 40 cm; Foto: KH

Vitrine 57 – Wolfsberger Antimonbergbau

Dunkelgraue Antimonitkristalle in Quarz. Jost-Christian-Zeche, Wolfsberg; Größe 21 x 16 cm; Foto: KH

Typisch verbogene Kristalle von Antimonit mit Quarzkristallen. Jost-Christian-Zeche Wolfsberg; Größe 9,5 x 9 cm; Foto: CS

Das Foto zeigt stahlgraue radialstrahlig gewachsene nadelige Kristalle von Zinckenit auf Quarz. Dieses Mineral wurde erstmals 1825 in der Jost-Christian-Zeche bei Wolfsberg von Bergrat Johann Ludwig Carl Zincken gefunden (Zincken, 1825). Gustav Rose (1826) beschrieb das Mineral noch einmal ausführlich und gab ihm den Namen Zinckenit nach seinem Finder. Die Zeche Jost-Christian ist demnach die Typlokalität dieses Minerals. Links ein vergrößerter Ausschnitt; Größe 16 x 14 x 11 cm; Foto: KH

Vitrine 58 – Ilfelder Becken

Ilfeld ist die Typlokalität für Manganit, hier beschrieb Ritter Wilhelm von Haidinger 1826 erstmals dieses Manganmineral.

Mit seinen schönen und großen Manganitstufen ist Ilfeld weltbekannt geworden.

Hämatit als „Roter Glaskopf". Ilfeld; Größe 18 x 11 x 16 cm; Foto: KH

Manganitkristalle. Ilfeld; Größe 16 x 14 cm; Foto: KH

Pyrolusit auf Rhyolith. Ilfeld;
Größe 28 x 14 x 7 cm; Foto: KH

Linke Seite unten:
Manganit-Baryt-Quarz-Gangerz. Ilfeld;
Ausschnitt, Exponatgröße 23 x 19 x 13 cm; Foto: KH

Achat-Geode mit Quarzkristallen in Rhyolith aus den Kiesgruben Kukanstal am Ravensberg bei Bad Sachsa; Größe 21 x 17 x 9 cm; Foto: KH

Rechte Seite:
Vorder- und Rückseite einer Stufe aus Calcitkristallen und kleinen, metallisch glänzenden Pyritkristallen. Zorge; Größe 13 x 10 x 5 cm; Foto: KH

Vitrine 58 – Mineralisationen im Zechstein des Harzvorlandes

Platte aus gediegen Silber auf Kupferschiefer, gefunden 1943 im Wolfsschacht, Mansfelder Revier bei Eisleben; Größe 25 x 14 cm; Foto: DK

Gediegen Schwefel in Gips aus dem Zechstein. Weenzen bei Alfeld; Größe 20 x 20 cm; Foto: KH

Wechsellagerung von Dolomit, Anhydrit und weißen Gipslagen. Dort, wo sich Gips durch Kontakt mit Wasser aus Anhydrit gebildet hat, vergrößerte sich das Volumen des Minerals, was wahrscheinlich zu dieser typischen Fältelung führte, die dem Gestein seinen Namen Schlangengips verleiht. Woffleben, nordwestlich Nordhausen; Größe 22 x 13 x 6 cm; Foto: DK

Anhydrit-Steinbruch am Kohnstein, Niedersachswerfen

Der Steinbruch am Kohnstein liegt nördlich von Nordhausen in der Nähe des Ortes Niedersachswerfen. Diese Salzlagerstätte aus dem Werra-Zyklus ist ein wichtiger Fundort für Borate innerhalb der Zechstein-Zyklen in Deutschland. Nach Stedingk et al. (2016) wurden hier Funde von zehn verschiedenen Bormineralen beschrieben. Außerdem findet man in Klüften schöne Anhydrit- und Gipskristalle, vergesellschaftet mit dem selten vorkommenden Strontioginorit. Vitrine 58 zeigt einige besondere Exemplare dieser Minerale.

Stufe aus Anhydrit- und Gipskristallen mit prismatisch ausgebildeten Strontioginoritkristallen (z. B. rechts oben, horizontal verlaufend).
Größe 17 x 10 cm; Foto: KH

Kurzprismatisch ausgebildete Anhydritkristalle, zum Teil violett.
Größe 12 x 8 x 5 cm; Foto: KH

Strontioginorit

Dieses sehr selten vorkommende Boratmineral wurde erstmals von Braitsch (1959) im „...mittleren Teil des Älteren Steinsalzes..." der Kaligrube Königshall-Hindenburg in Reyershausen bei Göttingen gefunden und als gut ausgebildete Kristalle beschrieben.

Hydroboracit

Seit den 1980er Jahren kennt man Hydroboracit aus dem Steinbruch am Kohnstein. Es ist hier das am häufigsten vorkommende Borat (Stedingk et al., 2016). Vitrine 58 zeigt die unterschiedlichen Ausbildungen der Kristalle, die hier von besonderer Qualität sind. Auch das Titelfoto dieses Kataloges präsentiert einen vergrößerten Ausschnitt eines Hydroboracit-Exponates.

Hydroboracit, fächerförmig ausgebildet. Anhydrit-Steinbruch am Kohnstein; Größe 30 x 20 cm; Foto: KH

Glossar

Alter Mann
Im Bergbau abgebaute verlassene, mit Versatz gefüllte oder zu Bruch gegangene Grube. Ebenfalls als Alten Mann bezeichnet man abgesperrte Grubenbaue (Liessmann, 2010). Im Oberharz ist es eine Bezeichnung für den mittelalterlichen, um 1350 erloschenen Bergbau; auch Bezeichnung für verlassene Grubenbaue des frühzeitlichen Bergbaus (Radday, 2002).

Antimonit, Sb_2S_3
Schöne Kristalle dieses Antimonsulfids findet man vor allem in Wolfsberg (Vitrine 57), kleine radialstrahlige Aggregate, sogenannte „Mausaugen", kennt man aus St. Andreasberg (Vitrine 55).

Apophyllit, $KCa_4Si_8O_{20}(F,OH) \cdot 8H_2O$
Weltberühmt sind die farblosen bis rosafarbigen Kristalle aus St. Andreasberg (Vitrine 55).

Argentopyrit, $AgFe_2S_3$
Früher Silberkies, ist ein eher selten vorkommendes Mineral aus der Gruppe der Sulfide und Sulfosalze. In St. Andreasberg kommt es zusammen mit anderen Silbermineralen vor (Vitrine 55).

Arsen, ged. As
Gediegen oder elementares Arsen trat in St. Andreasberg meist in knolligen Massen und mit schaliger Ausbildung auf. Die Bergleute nannten es „Scherbenkobalt", weil die frisch angeschlagenen Knollen an Tonscherben erinnerten, silbriges Aussehen aufwiesen und bei der Verhüttung giftige Dämpfe austraten, die das Werk von Kobolden sein musste (Schnorrer-Köhler, 1983, Teil II).

Azurit, $Cu_3(CO_3)_2(OH)_2$
Ein wasserhaltiges Kupferkarbonat, das vor allem in Oberschulenberg auftritt, auch zusammen mit Malachit und Cerussit (Vitrine 52).

Baryt, $BaSO_4$
Bariumsulfat, wegen seiner hohen Dichte von 4,5 g/cm^3 auch Schwerspat genannt.

Bergfreiheit
Unter Bergfreiheit bezeichnet man das vom Grundeigentum unabhängige und jedermann eingeräumte Recht, bestimmte Bodenschätze zu suchen und zu gewinnen. Dieses Recht ist durch Gesetze geregelt (Ließmann, 2010; Radday, 2001).

Bournonit, $PbCu[SbS_3]$
Früher auch, wegen der typischen Verzwilligung aus tafeligen Kristallen, als Rädelerz bezeichnet.

Calcit, $CaCO_3$
Das Calciumkarbonat tritt am Nordharzrand in den Schichten des Erdmittelalters auf, in den devonischen Kalken am Iberg und im Elbingeröder Komplex (Vitrine 56), außerdem als Gangart in den Erzgängen. Weltberühmt sind die formenreichen Calcitkristalle aus der „Edlen Kalkspatformation" von St. Andreasberg (Vitirine 55).

Cerussit, $PbCO_3$
Das Bleikarbonat wurde vor allem in der Grube Glücksrad in Oberschulenberg gefunden.

Chalkopyrit, $CuFeS_2$
Früher auch als Kupferkies bezeichnet.

Dendriten
Baum- oder strauchartige Auskristallisationen, meist von Eisen- oder Manganoxiden auf Gesteinsflächen.

Dyskrasit, Ag_3Sb
Auch Antimonsilber genannt, weil es sich aus den Elementen Antimon und Silber bildet (Vitrine 55).

Epidot, $Ca_2Fe^{3+}Al_2(Si_2O_7)(SiO_4)O(OH)$
Relativ häufig vorkommendes grünes Silikatmineral.

Evaporit
Aus dem lateinischen für ausdampfen bzw. ausdünsten, ist ein Gestein aus dem sedimentären

Bereich, das sich unter aridem Klima durch Verdunstung von Meerwasser als Ausfällungsprodukt bildet.

Fahlerz
Bezeichnet einen Mischkristall aus den Mineralen Tetraedrit und Tennantit.

Fluorit, CaF_2
Calciumfluorit, auch Flußspat genannt, ist vor allem in den Gängen des Süd- und Ostharzes zu finden (Vitrine 57).

Galenit, PbS
Früher Bleiglanz, dieses Bleisulfid ist das wichtigste Erzmineral zur Gewinnung von Blei. Im Harz war es auch als Silberträger wichtig. Aufgewachsen bildet es Kristalle in der Form von Hexaeder (Würfel) oder Oktaeder aus.

Gips, $CaSO_4 \cdot 2H_2O$
Vorkommen finden sich an den Rändern des Harzes, vor allem am Südharzrand werden sie wirtschaftlich genutzt.

Goethit, FeO(OH)
Kommt als Verwitterungsbildung von eisenhaltigen Erzen überall im Harz vor.

Halit, NaCl
Steinsalz oder auch Kochsalz, kommt wie Gips an den Rändern des Harzes vor.

Hämatit, Fe_2O_3
Auch Eisenglanz oder Blutstein genannt, kommt im Harz als Roteisenstein, Roter Glaskopf oder in Form von Kristallen vor. Dieses Eisenoxid ist eines der wichtigsten Eisenerze.

Hydroboracit, $CaMg[B_6O_9(OH)_6] \cdot 3H_2O$
Schöne strahlige Aggregate dieses wasserhaltigen Boratminerals findet man im Steinbruch am Kohnstein bei Niedersachswerfen im Südharz.

Kokardenerz
Bezeichnung für Erze, die konzentrische Ablagerungen von Gangarten und Sulfiden (häufig Galenit und Sphalerit) um Nebengesteinsfragmente zeigen. Teilweise treten diese Bildungen auch ohne Nebengesteinsfragmente, dafür mit Gangart oder den Erzmineralen im Kern auf. Bekannt sind diese Bildungen beispielsweise aus den Oberharzer Revieren Clausthal-Zellerfeld und Bad Grund. (www.mineralienatlas.de/lexikon/)

Lachter
Ein wichtiges Längenmaß im Bergbau, hier bezeichnet es die Teufe oder die Abstände zwischen den Stollen. Jede Bergwerksregion hat ihr eigenes Lachtermaß, so dass man kein einheitliches angeben kann. Nach Radday (2002) entspricht es im Oberharz 1,9238 Meter.

Löllingit, $FeAs_2$
Kommt in sehr feinkristalliner Form auf nahezu allen erzführenden Stufen im St. Andreasberger Revier vor.

Malachit, $Cu_2(CO_3)(OH)_2$
Ein wasserhaltiges Karbonat, tritt als Verwitterungsprodukt häufig im Harz auf.

Manganit, MnO(OH)
Auch Braunmanganerz oder Braunstein genannt.

Markasit, FeS_2
Metallisch glänzendes häufig vorkommendes Sulfid-Mineral.

Mundloch
In der Bergmannsprache ist es der Eingang zu einem Stollen oder einer Strecke übertage, das heißt an der Erdoberfläche.

Nontronit, $Na_{0,3}Fe_2^{3+}(Al,Si)_4O_{10}(OH)_2 \cdot nH_2O$
Das sehr auffällige gelbgrüne Tonmineral ist durch hydrothermale Zersetzung von Kalksilikatgesteinen entstanden.

Prehnit, $Ca_2Al_2Si_3O_{10}(OH)_2$
Findet sich im Harz hauptsächlich als Kluft- und Gangmineral in den Gabbrosteinbrüchen und im Diabassteinbruch Huneberg (Vitrine 51).

Pyrit, FeS_2
Früher auch als Eisenkies oder Schwefelkies bezeichnet, auch bekannt als Narrengold oder Katzengold. Pyrit ist ein sogenanntes „Durchläufermineral", da es im magmatischen, sedimentären und metamorphen Bildungsbereich vorkommt.

Pyrargyrit, Ag_3SbS_3
Früher wegen seiner roten Farbe und dem hohen Silbergehalt von bis zu 60 % als dunkles Rotgültigerz oder Antimonsilberblende bezeichnet. Zu den berühmtesten Fundorten zählt St. Andreasberg (Vitrine 55).

Pyroklastische Gesteine
Der Name kommt aus dem altgriechischen (pyr für Feuer und klastos für zerbrochen) und bedeutet das Zerbrechen oder Zerreißen von festem und flüssigem vulkanischem Auswurfmaterial, das nach Ablagerung, zusammen mit Lockersediment, verfestigt wurde.

Pyrolusit, MnO_2
Ein häufig vorkommendes Manganoxid.

Pyromorphit, $Pb_5(PO_4)_3Cl$
Dieses grüne Phosphatmineral findet man an verschiedenen Lokalitäten im Harz.

Rhodonit, $(Mn,Fe,Ca,Mg)SiO_3$
Ein durch Mangan rosarot (rhodos, altgriech.) gefärbtes, selten vorkommendes Silikatmineral.

Ringelerz
Siehe Kokardenerz.

Siderit, $FeCO_3$
Eisenkarbonat von meist gelbbrauner Farbe. Sehr häufig als Gangart im Harz verbreitet, bildet schöne rhomboedrische Kristalle (Vitrine 57).

Sphalerit, ZnS
Früher Zinkblende, ist ein Zinksulfid. Das Mineral kann in verschiedenen Farben auftreten, da anstelle des Zn auch Spuren von Eisen eingebaut werden können.

Stilbit, $NaCa_2Al_5Si_{13}O_{36} \cdot 14H_2O$
Dieses Silikatmineral gehört zur Gruppe der Gerüstsilikate und speziell zu den Zeolithen. Es bildet sich hydrothermal in Hohlräumen vulkanischer Gesteine und in Erzgängen und kommt gerne zusammen mit Apophyllit vor.

Stollen
Verbindungsstrecke vom Grubengebäude zur Oberfläche übertage.

Strontioginorit, $NaCa_2Al_5Si_{13}O_{36} \cdot 14H_2O$
Tritt in gut ausgebildeten Kristallen im „Älteren Steinsalz" von Reyershausen bei Göttingen auf (Braitsch, 1959).

Tennantit, $(Cu, Fe)_{12}As_4S_{13}$
In der Bergmannsprache auch als Arsenfahlerz bezeichnet, bildet mit Tetraedrit zusammen eine Mischkristallreihe, die man als Fahlerz bezeichnet.

Tetraedrit, $Cu,_3SbS_{3,25}$
Ein Antimonfahlerz, das im Harz als wichtiger Silberträger gilt. Silber ersetzt teilweise Kupfer (Cu) im Kristallgitter. Ausgebildete Kristalle sind meist Tetraeder.

Teufe
Bergmännische Bezeichnung für die Tiefe eines Punktes unter Tage von der Tagesoberfläche bzw. der Rasenhängebank aus (Ließmann, 2010).

Wasserlösungsstollen
Tiefster Stollen, durch den das Grubengelände auf natürliche Weise entwässert wird (Ließmann, 2010).

Zinckenit, $Pb_6Sb_{14}S_{27}$
Dieses erstmals in Wolfsberg im Unterharz beschriebene Mineral bildet stahlgraue bis schwarze nadelige Kristalle aus, die häufig blaue Anlauffarben zeigen. In der Bergmannsprache wird es auch Bleiantimonglanz genannt.

Literatur

Braitsch O (1959)
Über Strontioginorit, eine neue Ginorit Varietät aus dem Zechsteinsalz. Beiträge zur Mineralogie und Petrographie 6, 366-370.

Deutsche Stratigraphische Kommission (2016)
Hrsg: Menning M und Hendrich A, Stratigraphische Tabelle von Deutschland kompakt, GFZ Potsdam.

Grundmann G und Schnorrer-Köhler G (1989)
Die Mineralien des Bergbaubezirks von St. Andreasberg im Harz. Lapis 14, Nr 7/8, 23-67.

Franzke H-J und Schwab M (2011)
Harz, östlicher Teil mit Kyffhäuser Kristallin. Sammlung geologischer Führer Band 104, Gebrüder Bornträger, Stuttgart, 320 S.

Frisch W und Meschede M (2005)
Plattentektonik – Kontinentverschiebung und Gebirgsbildung. Wissenschaftliche Buchgesellschaft Darmstadt, Primus Verlag, 196 S.

Haidinger W (1826)
On the crystalline forms and properties of the manganese ores. The Edinburgh Journal of Science 4, 41-50.

Ließmann W und Geils H (2009)
St. Andreasberg über Tage und unter Tage, ein Leitfaden zur Geschichte der Bergstadt und ihrer Umgebung, Hrsg: Jochen Klähn, Bergwerksmuseum Grube Samson, St. Andreasberg, 96 S.

Ließmann W (2010)
Historischer Bergbau im Harz. Kurzführer, 3. vollständig überarbeitete und erweiterte Auflage, Springer Berlin-Heidelberg, 470 S.

Ließmann W (2018)
Steinreicher Harz, eine Gesteinskunde für Einsteiger und Fortgeschrittene. Quelle und Meyer Verlag Wiebelsheim, 284 S.

Lüders V und Möller P (1995)
Geochemie hydrothermaler Gangmineralisationen des Harzes, Teil 1, Allgemeine, angewandte, regionale und historische Geologie. Zentralblatt für Geologie und Paläontologie 9/10, 1329-1349.

Meschede M (2018)
Geologie Deutschlands, ein prozessorientierter Ansatz. Springer Spektrum, Springer Verlag Berlin, Heidelberg, 252 S.

Meyenburg G (2017)
Nördlicher Mittelharz, Geologische Vielfalt rund um den Brocken. Streifzüge durch die Erdgeschichte. Quelle und Meyer Verlag Wiebelsheim, 200 S.

Mohr K (1993)
Geologie und Minerallagerstätten des Harzes. 2. Auflage, Schweizerbart Verlag Stuttgart, 496 S.

Müller R und Franzke H-J (2014)
Oberharz, tiefe Gruben und hohe Rücken. Streifzüge durch die Erdgeschichte. Quelle und Meyer Verlag Wiebelsheim, 144 S.

Radday H (2002)
Das Oberharzer Bergwerksmuseum Clausthal-Zellerfeld. Führer durch das Museum mit einem Abriß zur Kultur- und Technikgeschichte des Oberharzes. Oberharzer Geschichts- und Museumsverein e. V. 2. Auflage, 298 S.

Rose G (1826)
Ueber den Zinkenit, eine neue Mineralgattung. Annalen der Physik und Chemie 83 (Poggendorffs Annalen der Physik und Chemie 7), 91-96.

Schnorrer-Köhler G (1983)
Das Silbererzrevier St. Andreasberg im Harz. Teil I. Geologie, tektonische Entwicklung und Mineralisation sowie Ausbildung der Gänge. Aufschluss 34, 153-175.

Schnorrer-Köhler G (1983)
Das Silbererzrevier St. Andreasberg im Harz, Teil II. Die Minerale des Gangreviers. Aufschluss 34, 189-203 und 231-251.

Sperling H und Stoppel D (1981)
Gangkarte des Oberharzes mit Erläuterungen. Geologisches Jahrbuch, Reihe D, Heft 46, 89 S.

Spilker M (2010)
800 Jahre Kupferschieferbergbau im Südharz. 12. Südharz Symposium am 06. März 2010 in Wettelrode, https://karstwanderweg.de/sympo/

Stedingk K, Rentzsch J, Hartmann O, Knitzsche G, Koglin N, Präger R, Rappsilber I und Schenke G (2002)
Potentiale der Erze und Spate in Sachsen-Anhalt. Landesamt für Geologie und Bergwesen Sachsen-Anhalt, Halle (Hrsg), Rohstoffbericht 2002. Mitteilungen zur Geologie von Sachsen-Anhalt, Beiheft 5, 75-132.

Stedingk K (2012)
Erzbergbau und Oberharzer Wasserwirtschaft, Bergbaufolgen im UNESCO Weltkulturerbe. Stedingk K und Kleeberg K (Hrsg): Exkursionsführer und Veröffentlichungen der Deutschen Gesellschaft für Geowissenschaften EDGG, Heft 247, 148 S.

Stedingk K, Ließmann W und Bode R (2016)
Harz, Bergbaugeschichte – Mineralienschätze – Fundorte. Bode Verlag, Lauenstein, Edition Krüger Stiftung, 504 S.

Stoppel D, Gundlach H, Heberling E, Heinrich G, Hüser M, Kallies H-B und Schaeffer R (1983)
Schwer- und Flußspatlagerstätten des Südwestharzes. Geologisches Jahrbuch, Reihe D, Heft 54, 269 S.

Vollstädt H, Siemroth J und Weiß S (1991)
Ostharz, Sachsen-Anhalt und Lausitz: Beschreibung von 33 Fundgebieten und mehr als 60 Einzelfundstellen. C. Weise Verlag, München, 128 S.

Walter R (2016)
Erdgeschichte. Die Geschichte der Kontinente, der Ozeane und des Lebens; 7. überarbeitete und verbesserte Auflage, Schweizerbart'sche Verlagsbuchhandlung, Stuttgart.

Wilke A (1989)
Geschichte des Silbererzbergbaus und der Bergstadt St. Andreasberg. Lapis 14, 7/8, 23-67.

Zincken JCL (1825)
Der östliche Harz mineralogisch und bergmännisch betrachtet. Braunschweig, bei CW Schenk, 174 S.

Quellen aus dem Internet:

Zuletzt geprüft am 3. Dezember 2018

www.bad-grund-harz.de/Bergbau/zeitfenster-hilfegottes

https://karstwanderweg.de/sympo/

https://www.kemna.de (Bauunternehmen Kemna)

https://mineralienatlas.de

https://www.nwzonline.de/wirtschaft/weser-ems/wolkenhuegel-letzte-schicht-nach-169-jahren-bergbaumit-schliessung-der-grube-endet-die-erzfoerderung-im-harz_a_5,1,955385823.html

Dank

Zum Gelingen der Ausstellung und des Katalogs haben zahlreiche Personen und Institutionen beigetragen. Als Kustodin und Autorin möchte ich mich ganz herzlich bedanken bei

Peter C. Ruppert für das mir entgegengebrachte Vertrauen und das Überlassen der Sammlung als Dauerleihgabe,

Martin Okrusch, Emeritus des Mineralogischen Instituts der Universität Würzburg für die Kontaktaufnahme und erste Besuche bei Peter C. Ruppert,

Hartwig Frimmel für die erste Begutachtung der Sammlung, die Unterstützung bei der Beantragung von Fördermitteln, zahlreiche fachwissenschaftliche Diskussionen, das Korrekturlesen und das uneingeschränkte Vertrauen in meine Arbeit,

Volker Lüders für die Bestandsaufnahme der Sammlung, die fachliche Unterstützung und die engagierte Betreuung der Sammlung,

Klaus Stedingk für die digitalen Kartengrundlagen. Stefan Frimmel, Kristina Hanig und Christoph Saile für die sehr gelungenen Fotos,

meinem Kollegen Uli Schüssler für fachliche Diskussionen und das finale Korrekturlesen,

Andreas Kümmet, Frank Reusch, Werner Seitz, Reinhold Wasijek, Manfred Weidner, und dem Team der Elektriker um Klaus Hahn des Technischen Betriebs der Universität Würzburg für den Transport der Sammlung von Berlin nach Würzburg, für den Bau von Podesten und einer speziellen Vitrine sowie die Aufhängung der Beleuchtung,

Thomas Groh für das aufwendige Ausrichten der Beleuchtung,

meinen Kollegen Stefan Höhn und Peter Späthe für das Platzieren schwerer Mineralstufen und die Präparation einiger Stufen für die Ausstellung,

meinen Kolleginnen Nikola Koglin und Christine Linge, außerdem Eckard Amelingmeier und den fleißigen studentischen Hilfskräften des Mineralogischen Museums, die beim Ausstellungsumbau mitgeholfen haben,

Claudia Schober und Manuel Beck vom Verlagsteam der Würzburg University Press für die sehr gute Autorenbetreuung und Winfried Weber für viele gute Tipps rund um InDesign.

Um die Exponate der Sammlung gebührend ausstellen und eine Präsentation erstellen zu können haben wir finanzielle Unterstützung erhalten. Dafür danke ich ganz herzlich

Rosemarie und Peter C. Ruppert sowie folgenden Institutionen: